了凡四训 正义

〔明〕袁了凡 著　李树明 正义

团结出版社

图书在版编目（CIP）数据

了凡四训正义 / 李树明著. –– 北京：团结出版社，
2019.7

ISBN 978-7-5126-7139-3

Ⅰ.①了… Ⅱ.①李… Ⅲ.①家庭道德—中国—明代
②《了凡四训》—研究 Ⅳ.①B823.1

中国版本图书馆CIP数据核字(2019)第117740号

出版：团结出版社
　　（北京市东城区东皇城根南街84号　邮编：100006）
电话：(010) 65228880　　65244790　（传真）
网址：www.tjpress.com
Email：zb65244790@vip.163.com
经销：全国新华书店
印刷：大厂回族自治县德诚印务有限公司

开本：145×210　1/32
印张：7.5
字数：200千字
版次：2019年10月　第1版
印次：2024年7月　第10次印刷

书号：978-7-5126-7139-3
定价：48.00元

序

刘余莉

　　《了凡四训》乃明朝贤士袁公了凡先生所撰训子之文，以公平生亲历、见闻、所感为主要内容，旨在告诫子孙修福积德、改造命运的原理和方法，并劝勉后世，当改过迁善、积功累德、谦敬恭谨，方可趋吉避凶，立己达人，实现幸福圆满之人生。全书通俗简洁，却义理深邃，不仅融合儒、释、道之智慧，亦彰显中华优秀传统文化之精髓。近代印光祖师谓"袁了凡先生训子四篇，文理俱畅，豁人心目，读之自有欣欣向荣，亟欲取法之势，洵淑世之良谟也"。

　　人生于世间，无论丰歉贫富、穷通贵贱、夭寿生死，莫非前定，世人谓之天命有数，信而不疑，实则此乃因果真实不虚之理，非算数所能赅尽。孔子谓"不知命，无以为君子也"，又说"君子畏天命"，皆是就因果上说。了凡先生初为孔先生算定毕生荣辱生死，不曾转动一丝一毫，是不明因果，落入凡夫窠臼，为世法所牢笼，故随班奔逐，浮沉无定。既闻云谷禅师开示，始知"命由我作，福自己求"之真谛，此即立命之学。立命始于知命，知命无过于深信因果。

了凡先生谓云谷禅师所授立命之说乃至精至邃，至真至正之理，亦无非因果二字。既而"信其言，拜而受教"，遂真诚忏悔改过自新，可谓当下力断，提撕向上。"自此以后，终日兢兢"，则见了凡先生信愿行具足，勇猛精进，舍旧图新。立命之理既明，愈发谦下，改过积善，遂受福有基，取善无穷。

了凡先生结合事理体悟与亲证经验，著四篇训诫，阐立命之理，明改过之机，辨积善之方，言谦德之效，字字珠玑，句句良言。世人读了凡先生训子文，数百年来不知凡几，然信其言，拜而受教者殊不多见。进而能朝惕夕厉，终日兢兢，如理如法改造命运者，更属少见。何也？了凡先生说"只为因循二字，耽搁一生"，真实不虚。世之因循耽搁，皆是不见自性不明因果所致。终为五欲六尘所遮蔽，不知改过，不知积善，不知谦德之效，日夜兜兜转转于世间名闻利养之中，求出无期。然则果不能闻义而徙，进德修业再造新我乎？则又是未动于中，敷衍之过也。

观了凡先生一生，最难能可贵之处，在于谦恭善学、闻教信受、解行相应、终始如一，不仅持身以正，而且秉心以公，为官一任，造福一方，更教子有道，家风淳厚，行仪着实令人景仰。《了凡四训》作为训子之文，其情诚挚，其言恳切；作为经验之谈，其义精深，其论可行。无怪此书自问世以来，四百余年，广为传诵，深受国内外各界人士推崇，享有"中国历史上的第一善书""东方励志奇书"等美誉。

常人改命，利在一身；政者改命，功在社稷。二零一六年九月，中纪委监察部网站首次推出"袁黄《了凡四训》"专题，此即看中此书对加强党员干部思想道德建设之作用和价值。作为党和国家事业之中坚力量，党员干部自身之命运早与党、国家、民族之命运紧密联系在一起；一荣俱荣，一损俱损。且"官门好积德"，广大领导干部倘能依据《了凡四训》修福积德、改造命运，则国运、民族命运亦可随之迁转。习近平总书记强调："大时代需要大格局，大格局需要大智慧。党员干部只有放下小我，打开眼界，站在党、国家、民族的高度，才有能力肩负起时代赋予的责任和使命，也才能使自己的生命具有崇高的意义。"

《了凡四训正义》是李树明先生继《述而集》之后的又一力作，作者在尊重原文的基础上，选用不同版本进行校对说明，并结合自身理解，划分章节，且搜集大量背景材料，对文中出现的人名、地名、书名、官名、专业用语及相关事件作出详细注释，对于学习《了凡四训》之人，实为一本难得的参考书。更可贵者，树明先生身为领导干部，字里行间流露出对中国传统文化之信奉与热爱，加之一片济世之心，令人钦敬！书稿即将付梓，嘱余为序，故不揣浅陋，忝而为之，以示随喜之意。

己亥年二月初二日

（注：序文作者系中央党校教授、博士生导师）

前　言

　　《了凡四训》是明代圣哲袁公了凡先生撰述的一部历久弥新的中华传统文化经典名著，又名《了凡训子书》《训子言》《了凡诫子文》等。该书由《立命之学》《改过之法》《积善之方》《谦德之效》集结而成。其中《立命之学》是先生晚年为训子而撰，《改过之法》和《积善之方》则为先生早年《祈嗣真诠》中的两篇，即《改过第一》和《积善第二》（又名《科第全凭阴德》），而《谦德之效》则取自其晚年的《谦虚利中》。四篇文章在组成《了凡四训》之前，就早已分别在社会上广为流传，并被多家典籍收录，至清代初期编纂的《丹桂籍》中，方合称为《袁了凡先生四训》，后世遂以《了凡四训》流通。

　　四篇文章，凡一万一千六百余言，各自独立，而又一以贯之，形散神凝，简要详明，将中华优秀传统文化那独自具足的理念、智慧、气度、神韵体现得淋漓尽致。该书一经问世，就深受海内外各界人士的喜爱，欣然争相传诵，几百年不衰，被誉之为"东方第一励志奇书"，敬之为"心想事成，改造命运"的指南，奉之为"身体健康、家庭幸福、事业顺利"的宝典。

有道是:"早读早受益,晚读晚受益,马上读马上就受益。"

满清一代中兴名臣曾文正公极为推崇《了凡四训》,因此而改号"涤生"。文正公日记称:"涤者,取涤其旧染之污也;生者,取明袁了凡之意'从前种种,譬如昨日死;从后种种,譬如今日生'也。"并将《了凡四训》列为子侄必读重要之书。当代日本著名汉学家有"帝师"美誉的安冈正笃和"经营之圣"稻盛和夫对其可谓推崇备至。安冈正笃积极建议日本的天皇及其执政者要视《了凡四训》为"治国宝典",应当"熟读、细读、精读";稻盛和夫则庆幸自己早年得遇《了凡四训》并以此作为人生的理论指导。

世间如是,出世间亦复如是。

印光祖师极力倡导读诵《了凡四训》,曾亲笔撰序,大加赞叹,广为流通之。一代高僧大德净空法师,当年穷困潦倒,初读《了凡四训》即倍受感动,因此而沉潜往复其中,因此而彻底改变了命运,因此而开启了他老人家那幸福美满的辉煌教育教学生涯……

《了凡四训》为什么能使坏人变成好人?为什么能使不幸的人变成幸福的人?为什么能使不名一文的穷人坐上了世界富翁的宝座?又为什么能使穷途末路的人走向了世界的神圣殿堂……其中的原因有诸多,以笔者拙见,主要有三,即积极性、真实性和方便实用性。

全书圆融儒释道三家之学,以"命由我作,福自己求"的积极人生主题贯彻始终。教人孝亲尊师,教人爱国敬业,教人谦虚耐烦,教人诚信友善,教人老实真干……字里行间洋溢着超然出世的修养和修齐治平的热烈用世情怀,世出世间和谐统一,内方外圆,并行不二。读来精神为之一振,倍受鼓舞,不由不令人叹服之。

印祖曰:"文理具畅,豁人心目。"

先生所撰之事,皆为其亲历、亲见、亲闻,"以身边人讲述身边事,以身边事教育身边人"。教人知错改错,教人积德行善,教人趋吉避凶,教人"上思报国之恩,下思造家之福"……行文真实而亲切感人,容易接受,不由不令人向往之。

印祖曰:"读之自有欣欣向荣,亟欲取法之势。"

如何改造命运?如何去心想事成?又如何积德行善?先生乃大家手笔,大珠小珠,娓娓道来,引人入胜。教人以方针目标,教人以理论原则,教人以方式方法,亦有表演示范。明白且简单,拿来即用,用之则成,三根普被,凡圣齐收,方便操作,究竟圆满,不由不令人遵循之。

印祖曰:"洵淑世良谟也!"

于是乎,公元两千零一十六年五月份,中国社会科学院历史研究所、天津市宝坻区人民政府举办了"首届袁了凡思想文化国际论坛";时隔三个月,中央纪委监察部网站以《袁了凡:修身积善四训教子》为题,多层次、多角度介绍先生及其《了凡四训》;数日后,中央电视台播出了文化纪录片《了凡家乡行》……

胡适先生认为,《了凡四训》是研究中国思想史的一部重要代表作。

先生是中国历史上具有重要影响的历史人物，今天我们穿越四百多年的时光隧道，尽管非常审慎地评价先生，冠之以"奇才""全才"乃至"著名""伟大"诸类字眼，但仍然有嫌缺憾。

先生祖籍嘉善（今浙江嘉善），明世宗嘉靖十二年（1533）出生，医生世家；初名"表"，后改名"黄"，字坤仪，初号"学海"，改号"了凡"，以号名于世，为万历初嘉兴府三名家之一。万历十四年（1586）进士，万历十六年（1588）授宝坻知县，万历二十年（1592）军援朝鲜，次年遭李如松构陷而罢归乡里。受推编修《嘉善县志》，后迁居吴江（今属苏州）芦墟镇赵田村，建万卷楼，持斋修行，著书立说。万历三十四年（1606）往生，世寿七十四岁，受祀于嘉善、吴江贤祠，生一子（天启）。原配高氏、继配沈氏（天启生母），皆赠封"恭人"。天启元年（1621）朝廷追叙先生东征之功，赠先生尚宝司少卿；清乾隆二年（1737）入祀魏塘书院"六贤祠"。

先生博学通才，读书甚广甚深，在佛学、教育、民生、农业、水利、医学、音乐、几何、数术、天文、历法、养生、军事以及太乙六壬奇门"三式"绝学等诸多方面都有深入的研究，"莫不洞悉原委，撰有成编"。先生遗著凡十七种，今由嘉善县政府汇编成《袁了凡文集》二十册，刊行于世。其中有《训儿俗说》《静坐要诀》《祈嗣真诠》《袁生忏法》《静行别品》《河图洛书解》《劝农书》《皇都水利考》《诗外别传》《历法新书》《宝坻政书》《禹贡图说》《了凡四训》《摄生三要》《两行斋集》《群书备考》《史汉定本》等。

先生治学严谨，融会贯通，而又独具智慧。例如，《劝农书》分天时、地利、田制、播种、耕治、灌溉、粪壤、占验八篇,共一万余言,其中田制、灌溉两篇还附有田法与水工建筑及部分农具插图。今天的农学专家仍赞其为"极不易得"的好书,认为在中国农学史上有着重要的地位。再如,先生所著《历法新书》涉及四十六种历法,有一百五十多种求算方法,非一般专家学人所能及。

先生还是中国历史上规模最大、价值最高的一部大藏经《嘉兴藏》的最早倡刻者。

先生学以致用,宝坻主政是其人生最为辉煌的时期。敢于担当、推行善政、抚恤老人、教化士子、整顿吏治、减免赋役、治水兴农、赈灾存粮、改善民风……用短短五年时间(1588—1592)让宝坻全县发生了天翻地覆的变化,先后受到二十七次举荐,离任时狱中竟然没有一个犯人,公堂之上亦无人相争诉讼,达到了置刑而不用的程度!

先生忠孝两全,勤政廉洁,爱民如子,赢得了全县百姓的无比爱戴,百姓对其感恩之情无以言表。在任时,县内很多人家就供奉先生的画像,以"敬神"之礼来表达那颗无上的崇敬之心。先生离任之时,宝坻县城空巷,百姓十里相送,场面极其感人。先生除几件非常简单朴素的行李之外,仅有五车多书籍,余财竟不够去北京的路费,无数送行人泪流满面。本来准备一大早就走,可是因为老百姓为其送行,直到夜晚才勉强能够动身。先生刚离开宝坻十天,县内士绅、学子、百姓就纷纷自发筹资,敬造先生的生祠,用最高的"用牲之礼"举行祭祀,并由教谕韩初命撰写了《袁侯德政碑》,以纪念这位"爱民重而官爵轻"的知县。宝坻人常到先生祠内行香致祭，先生祠堂也成为了宝坻享"香火"最为久远的祠堂。今天，宝坻百姓仍对先生充满了无限敬仰之情，先生那可歌可泣的故事仍在宝坻民间盛传……

先生以其超凡入圣、不可思议的智慧德能，成就了中国历史上一位难能可贵的基层清官形象，被誉之为"宝坻自金代建县八百多年来最受称道的好县令"。

先生不仅仅是一位无与伦比的好县令，还是一位好父亲，非常注重家风家教。先生四十九岁得子，儿子十四岁时，为之撰写《训儿俗说》，从立志、敦伦、事师、处众、修业、崇礼、报本、治家八方面，具体详细，不厌其烦训导儿子；儿子二十时，又为之撰述《立命之学》，结合自身经历，高屋建瓴，理论规划，指导儿子的人生。其子不负众望，天启五年中进士，授广东高要县令，清正廉明，为后世所敬仰。先生在家教方面可谓耐烦，可谓用心良苦，可谓卓有成效，从而培育出了广为赞誉的"袁氏忠义醇厚的良好家风"。

另外，先生还是江南善举运动的著名宣导者；在军事方面亦颇有建树，曾参与万历朝鲜战争，史称"问关异域，功迹茂著""勋劳甚备"。

奇才如冬雨夏雪，大才则四季轮换而不衰。

子曰："君子不器。"

先生乃君子大人诸类人物，曰圣曰贤皆不过分也！

师曰："道不虚行，遇缘则应。"

近些年来，随着中华优秀传统文化的不断大力弘扬，不少出版社纷纷出版了《了凡四训》译注之类的"白话解释"版本，实乃利益苍生社稷之大幸事，可谓功莫大焉。然而，遗憾的是长期以来《了凡四训》缺乏严谨的学术研究，仅仅停留在民间流传的层面上，因此在传承过程中难免出现一些错误，从而影响到了《了凡四训》的推广和学习研究。例如，标点符号很不规范，章节划分错乱，原文文字随意增减，一些关键词句错译、解误严重，甚至是以整理出版古籍而著称的大出版社竟然也闹出了一些道听途说、张冠李戴的笑话……正如蓬岛思尼子居士所称："搜罗诸家注本，以为编辑参考，复发现各家译本，大都依据'民初本'增减而成，译文虽较流畅，却未改正其讹误处，殊属可惜……"（《了凡四训本义直解·自序》）

关于对《了凡四训》的解释，应该是到了该要规范的时节了；关于先生的学说，更应该进入广阔而深邃的学术世界了。于是，树明不揣浅陋，沐浴敬笔撰述《了凡四训正义》，以期引玉也……

有鉴于此，《了凡四训正义》坚持学术性和普及性相结合的原则，选取净空老法师所宣讲的《了凡四训讲记》（中国新闻联合出版社2010年版）之原文为底本。依据古制，对于原文文字只字未改。为方便阅读和理解，对原文作了章节段落划分和加注标点符号，并标明了章节次第之序号以及标题。思尼子居士治学严谨，广参各家，撰得《了凡四训本义直解》，诚乃难得之善本，因此作为《正义》

之重要参考。

此外，关于《了凡四训》的成书问题，一直以来有两种观点：一是认为《立命之学》《改过之方》《积善之法》《谦德之效》，原本各自独立为篇，分别出自于先生的不同时期，由后人会集而成《了凡四训》。如本《前言》开首所说。二是认为并非后人会集，是由先生直接撰述而成。如清光绪己丑五月湖北官书处出版的《了凡四训序》，称"袁了凡先生以韩欧之笔，具韩范之才，将其平生所得，著此四训。以数十年修身治性，日新月盛之阅历体验，又加数十年字煅句炼之润饰"而"始为定本"云云……以树明之管见，当以前说为是。

树明德薄，才疏学浅，手头资料亦有所限，虽说本《正义》吸收了一些方家的最新研究成果，但有的难题还没有彻底解决，个别字词语句亦参考他家而断以己意。因此，错漏荒谬之处难免，恳请大家不吝宽宏慈悲赐谅，并敬请斧正！

李树明

己亥年正月二十八日

目 录

第一篇　立命之学

君子务本第一

余童年^①丧父^②，老母^③命弃学举业学医^④。谓可以养生^⑤，可以济人^⑥；且习一艺以成名，尔父夙心也^⑦。

【注释】

①童年：年少时代。古代男子二十岁称"弱冠"，年龄稍大不满二十岁也称童年，即"成童"。《礼记·内则》："成童，舞象学御射。"郑玄注："成童，十五以上。"袁公了凡先生十四岁时父亲去世。

②父：袁仁（1479—1546），字良贵，号参坡，世代以医为业，敬信三宝，贤能闻名，一代名士。其"博极群书"，天文、地理、历书、兵刑、水利、医学等无不精通，藏书两万余卷，号称文献世家；曾被选为"耆宾"，主持地方祭典。袁君修养功夫极高，预知时至，焚香静坐，"亲友毕集"，赋诗一首，投笔而逝。著有《一螺集》等。

袁君参坡教子有方，曰："士之品有三：志于道德者为上，志于功名者次之，志于富贵者为下。"子女八人，五男三女。长子袁衷、次子袁襄为妻子王氏所生。王氏去世后，娶继室李氏，李氏生袁裳、袁黄（袁公了凡先生）、袁衮，还有三女。

附：

高祖：袁顺，字杞山，"世居陶庄"，有土地四十多顷，"元末家颇饶";"豪侠好义,尚气节人","勇于为善而奔义若赴"。杞山高祖参与反对朱棣篡夺皇位,史称"黄子澄之变",从而导致全家遭受通缉,在外流亡多年,被迫放弃科举考试,至了凡先生一代方有资格参加科考。

曾祖:袁颢,字菊泉,一代名医,德高望众。宣德五年(1430)嘉善设县,县治定址产生分歧,嘉善"父老咸委计于杞山",高祖杞山公则命曾祖菊泉公出面,说服大理寺卿胡㮣,改变知府齐政原定西塘的方案。

祖父:袁祥,字文瑞,号怡杏,景泰四年(1453)上门到魏塘镇殳家为婿,成年后与殳氏女儿完婚,生一女,以后又娶配平湖巨室朱氏之女,"资送甚厚",善于料理,袁家遂大起。文瑞祖于是在魏塘镇亭桥建造了当时非常有名的"袁家庄园"。

了凡先生之所以超越时空,成就一番不朽的圣贤伟业,其重要原因是祖上累积阴德。印光大师曰:"凡发科发甲,皆其祖、父有大阴德。若无阴德,以人力而发,必有大祸在后,不如不发之为愈也。历观古今来大圣大贤之生,皆其祖、父积德所致,大富大贵亦然。"是人是事是言,意蕴深远,学人诸君当仔细珍之。

③老母:李孺人,嘉善李氏月溪公之女,据《吴江赵田袁氏家谱》记载,为"诰赠孺人"。嘉善名士袁君参坡继配夫人(1517年嫁入袁家,1573年去世),袁衷、袁襄之继母,袁裳、袁黄、袁衮生母。据记载,贤母性情"贤淑有识",以德报怨,"磊磊有丈夫气";其行事遵圣贤之道,勤俭宽和;其孝亲相夫,持家教子,和睦宗亲,济贫恤困……可谓难能可贵之贤妻良母,千古世范。且笃信我佛,年寿八十依然劳作,行住坐卧念佛不辍。

一代大儒陈弘谋公于《教女遗规序》言:"有贤女然后有贤妇,有贤妇然后有贤母,有贤母然后有贤子孙。王化之道始于闺门,家人利在女贞。女教所系,盖綦重矣。"

有如是贤母,方有我如是之圣贤先生也。其圣其贤,《庭帏杂录》多有撰述,兹此加意沐手恭录其七,以飨诸君。如下:

其一

潘用商与吾父友善，其子恕无子，余幼鞠于其家。父没，母收回。告曰："一家有一家气习，潘虽良善，其诗书礼仪之习不若吾家多矣。吾早收汝，随诸兄学习，或有可成。"

——袁衮记录

其二

予与二弟侍吾母，予辈不自知其非己出也。新衣初试，旋或污毁，吾母夜缝而密浣之，不使吾父知也。正食既饱，复索杂食，吾母量授而撙节之，不拂亦不恣也。坐立言笑，必教以正。吾辈幼而知礼也。

——袁衷记录

其三

先母没，期年，吾父继娶吾母来时，先母灵座尚在。吾母朝夕上膳，必亲必敬。当岁时佳节，父或他出，吾母即率吾二人躬行奠礼。尝洒泪告曰："汝母不幸蚤逝，汝辈不及养，所可尽人子之心者，惟此祭耳。为吾子孙者，幸勿忘此语。"

——袁衷记录

其四

夏雨初霁，槐荫送凉。父命吾兄弟赋诗，余诗先成，父击节称赏。时有惠葛者，父命范裁缝制服赐余，而吾母不知也。及衣成，服以入谢，母询知其故，谓余曰："二兄未服，汝何得先？且以语言文字而遽享上服，将置二兄于何地？"褫衣藏之，各制一衣赐二兄，然后服。

——袁裳记录

其五

比邻沈氏世仇予家。

吾母初来，吾弟兄尚幼。吾家有桃一株，生出墙外，沈辄锯之。予兄弟见之，奔告吾母。母曰："是宜然。吾家之桃，岂可僭彼家之地？"

沈亦有枣，生过予墙，枣初生。母呼吾弟兄戒曰："邻家之枣，慎勿扑取一枚。"并诫诸仆为守护。及枣熟，请沈女使至家，面摘之，以盒送还。

吾家有羊走入彼园，彼即扑死。明日，彼有羊窜过墙来，群仆大喜，亦欲扑之，以偿昨憾。母曰："不可。"命送还之。

沈某病，吾父往诊之，贻之药。父出，母复遣人告群邻曰："疾病相恤，邻里之义。沈负病家贫，各出银五分以助之。"得银一两三钱五分，独助米一石。由是沈遂忘仇感义，至今两家姻戚往还。

古语云："天下无不可化之人。"

——谅哉！

——袁襄记录

其六

吾母当吾父存日，宾客填门，应酬不暇，而吾不见其忙。及父没，衡门悄然，形影相吊，而吾不见其逸。

——袁黄记录

其七

丙午六月，父患微疾，命移榻于中堂。告诸兄曰："吾祖吾父皆预知死期，皆沐浴更衣，肃然坐逝，皆不死于妇人之手，我今欲长逝矣。"虽闭户谢客，日惟焚香静坐。

至七月初四日，亲友毕集，诸兄咸在，呼予携纸笔进前。书曰："附赘乾坤七十年，飘然今喜谢尘缘；须知灵运终成佛，焉识王乔不是仙；身外幸无轩冕累，世间漫有性真传；云山千古成长往，哪管儿孙俗与贤。"投笔而逝。

遗书两万余卷。父临没，命检其重者分赐侄辈，余系收藏付余。母指遗书泣告曰："吾不及事汝祖，然见汝父博极群书，犹手不释卷。汝若受书而不能读，则为罪人矣。"

予因取遗籍恣观之，虽不能尽解，而涉猎广记，则自早岁然矣。

——袁黄记录

④老母命弃学举业学医：觉有情出版社2018年《了凡四训本义直解》版本（思尼子居士注解，以下简称"觉本"）、中华书局2016年《了凡四训》译注版本（以下简称"书局本"）皆作"老母命弃举业学医"。

举业：为科举考试而准备的学业。科举考试是中国古代朝廷选拔官吏的主渠道，始于隋炀帝，成于李唐，终于清光绪三十一年（1905）。

⑤养生：即养家糊口，养活自己及家庭。生：指生活。

⑥济人：救济帮助世人，尤其是贫苦人。济：帮助，救济。《论语·雍也》："如有博施于民而能济众，何如？"《吕氏春秋·离俗》："君子济人于患，必离其难。"

⑦且习……夙（sù）心也：而且学会一技之长并以此成名，这也是你父亲生前一向就存有的心愿啊！夙心：一向就存的心愿。夙：向来，往日。

一般流通本将此句解释为让了凡先生学医也是他父亲的愿望，误。实则是先生父亲一直以来将袁家突破科举的希望寄托于先生，科举登第亦是先生本人童年时代的强烈愿望。让先生放弃举业改学医术，是父亲去世后家道中落，贤母再三权衡不得已而为之的主张。可参《嘉禾记》

《庭帏杂录》《嘉善县志》等文献。

先生顺从母命改学医术一事，学人诸君不可粗心看过。当深刻体悟先生的一片孝悌之心，此乃先生改造命运的大根所在。

孔子曰："夫孝，德之本也。"

孔子曰："孝悌之至，通于神明，光于四海，无所不通。"

《论语》开篇即云："君子务本，本立而道生。孝弟也者，其为仁之本与！"

【解读】

我在年少时代，父亲就去世了，老母亲让我放弃科举学业，而改学医术。老母亲说，学习医术可以养家糊口，也能够帮助社会救助他人；而且学会一技之长，还可以成就自己的好名声，这也是你父亲生前一向就存有的心愿啊！

本立道生第二

（一）

后^①余在慈云寺^②，遇一老者，修髯^③伟^④貌，飘飘^⑤若仙。

余敬^⑥礼之。

语余曰："子仕路^⑦中人也，明年即进学^⑧，何不读书？"

余告以故，并叩^⑨老者姓氏里居^⑩。

曰："吾姓孔，云南人也。得邵子^⑪《皇极数》^⑫正传^⑬，数该传汝。"

【注释】

①后：根据先生拜见云谷大师的时间推算，应当是1549年，先生时年十七岁。一说先生此时十五岁，参《袁了凡年谱》（未定稿）杨越岷修撰。

②慈云寺：江南著名古刹，位于嘉善县城西北。始建于唐大中年间

（847—860），初名保安寺，宋时改"慈云寺"，尔后几经毁建至今。慈云：比喻佛之爱心广大如云，覆盖一切，无有私心，无有分别，爱护一切众生。慈：给予快乐曰"慈"，拔除其苦曰"悲"。寺：原为中国古代中央机构名，后佛教用以称僧众供佛和聚居讲经说法修行处所，实际上就是佛门开展教育教学活动的学校（机构），称之为佛寺，又称刹、丛林、禅林、禅院、兰若、招提、伽蓝、凡宇、梵宫、萧寺等。当初寺的职能主要有二：其一是将梵文佛经翻译成中文；其二是讲经教学。我国最早的佛寺是白马寺，即我国佛门最早的教育教学机构。东汉明帝时（公元六十七年），白马驮经西来，汉明帝敕令在洛阳西雍门外三里御道北兴建僧院。为纪念白马驮经，名之曰"白马寺"，于是"寺"字便成了中国佛教寺院的一种泛称。摄摩腾和竺法兰在白马寺译出《四十二章经》，为现存中国第一部汉译佛典。

③修髯（rán）：长胡须。修：长。髯：两侧面颊腮部的胡子，也泛指胡子。

④伟：此处指身材魁梧。

⑤飘飘：飘逸不俗。

⑥敬：如是一个"敬"字乃先生能够改变命运的大本，学人诸君亦不可轻轻看过，沉潜玩索，自当终身受益！

《礼记·曲礼》开篇即曰："毋不敬！"

印光祖师曰："一分诚敬得一分利益，十分诚敬得十分利益。"

孝为根，敬则本。敬是尊师之道。若无诚敬，先生如何得遇孔公？若不得遇孔公，历事练心，而受教有地，又如何感得云谷禅师指点迷津？又如何求子得子，求科第得科第……至于二十年后得遇云谷明师一番指教，先生如梦大醒而放弃孔公成见，旨在强调"命由我作，福自己求"的圣贤之道，贬斥当时误人的世俗之见，并无一丝一毫不敬孔公。试想，假若此时先生就遇上云谷师，涉世未深的先生能接受明师的教导吗？究实而言，此时的先生尚属于下等根器也。

子曰："中人以下，不可以语上也。"（《论语·雍也》）

孔公者，高人也；云谷者，圣人也。

⑦仕路：进身为官之路。也指官场。

⑧进学：科举制度中，童生参加岁考，被录取入府、州、县学做了生员，叫做"进学"，也叫"中秀才。"

⑨叩：询问，发问。

⑩里居：籍贯，住处。

⑪邵子：即邵雍（1011—1077），字尧夫，谥号康节，北宋著名理学家、数学家、道士、诗人，生于林县上杆庄（今河南林州市刘家街村邵康庄，一说生于范阳，即今河北涿州大邵村），与周敦颐、张载、程颢、程颐并称"北宋五子"。著有《皇极经世书》《观物内外篇》《先天图》《渔樵问对》《伊川击壤集》《梅花诗》等。

邵子少有志，喜刻苦读书并游历天下，悟得"道在是矣"，而后师从李之才学《河图》《洛书》与《伏羲八卦》，学有大成，在世时便以"遇事能前知"而闻名四方，民间流传的"二雀争梅""邻人借斧""仙客坐椅"等故事，皆是邵子即兴占卜之佳话。

邵子德行纯正，高风亮节，宰相司马光以兄事之，二人品德为世人所仰慕。父亲训斥儿子，或者哥哥教育弟弟时往往说："你做不好的事，恐怕司马先生、邵先生会知道的。"有些官员或者读书人到洛阳，即使不去拜访官府，也必定到邵子住处拜望。邵子从来不表露自己，亦不提防别人什么，和大家在一起谈笑风生，并没有避讳；邵子与人交谈，喜欢说他人之长而不喜言人之短；有人问教，邵子总尽力解答，而从不以强制方式说教；邵子待人不分贵贱，皆诚恳对待，一视同仁。所以，贤良的人喜欢他的德行，不贤良的人也会被感化。一时间，洛阳人才辈出，忠厚之风闻名天下。

⑫《皇极数》：一说《皇极数》邵子所撰，是预测个人气数命运的书，今已失传；一说《皇极数》就是邵子的《皇极经世书》。

《皇极经世书》是邵子经天纬地预测学的一部巨著，凡十二卷。邵子认为只要洞其玄机，用其生化之理，天地万物之生命运程皆能了然于胸，人类历史、朝代兴亡、世界分合、自然变化等皆能未卜先知。

⑬正传：正统的传授。邵子学说一脉相承，皆无混杂。

【解读】

后来，我在慈云寺遇到了一位老人家。老人家胡须很长，身材魁梧，相貌堂堂，飘然若仙，令人肃然起敬。

我很恭敬地向老人家行礼。

老人家告诉我说："你命中注定是官场中的人物，明年就能考中秀才而进入官学，为何不上学读书呢？"

我只好据实相告了其中的原因，并且很礼貌地询问老人的尊姓大名和籍贯。

老人家说："我姓孔，是云南人，有幸得到了邵康节先生《皇极数》的正统传授，命中注定应该要传给你。"

（二）

余引之归，告母。

母曰："善待之。"

试其数，纤悉①皆验②。

余遂起读书之念，谋之表兄沈称③，言："郁海谷先生在沈友夫④家开馆⑤，我送汝寄学⑥甚便。"

余遂礼郁为师。

【注释】

①纤悉：细微详尽。北宋苏东坡《策别第八》："王猛事奏，事至纤悉，莫不尽举。"

②验：灵验，应验。

③沈称：袁了凡姑家二表兄。当年袁沈两家为邻居，沈家仇恨袁家，参坡公夫妇以德报怨，鼎力相助处在困境中的沈家。参坡公又将小妹嫁给已成孤儿的沈心松，两家遂由冤家变为亲家。沈心松生子沈科和沈称，参坡公对其关怀备至，诲之不倦。

沈科嘉靖二十三年（1544）考取进士，参坡公特意赋五言律诗《沈科登第》一首。沈科后任工部营缮司主事，擢升至临江府知府和江赣兵备副使，为官勤勉，清廉恤民，有政声。沈科之子沈道原，万历二十三年（1595）进士。万历《嘉善县志》有沈心松、沈科、沈称和沈道原四人传记。

沈称与了凡先生年纪相仿，常到袁家，是先生当年切磋学问的好友。沈称仕途坎坷，十试不举。

沈氏兄弟以孝友闻名乡里。沈科退休归乡，兄弟二人师友如故，寝食以共，"奉养父母，绕膝愉愉，有事必长跪以请。科谢政归，寝食必共……科性亦孝，母袁娠科时病足，至老遗痕犹在，科每夜俟母寝，必扪之乃退。父年八十八，母年九十四卒，哀毁尽礼……"

④郁海谷、沈友夫：郁氏为魏塘望族，魏塘镇卖鱼桥原有北郁街，袁、郁两家世代交好。嘉善图书馆藏有清康熙《郁氏家乘》称："世居两河亶（冀州），自宋南渡。"据《郁氏家乘》，郁海谷先生即郁钦。

沈氏至今仍是嘉善本土第一大姓,沈友夫家也在魏塘镇。参坡公有《一溪歌为沈友夫作》诗,曰:"君家住枕武塘上,一水绕门春盈盈。楼台倒浸青玻璃,坐来不觉毛骨爽。"

⑤开馆:开设学馆教授生徒。

⑥寄学:此处指依附读书。古指在州县官学就学的外地学子。明代童生,通过捐纳或经提学考试核准,而取得秀才同等待遇,称为"寄学"。

【解读】

于是,我就礼请老人来家中暂住,并把这件事禀告给了老母亲。

老母亲说:"你要好好地招待人家。"

我们多次试验老人家的占卜之术,结果无论大事还是小事,哪怕是极小之事,他都算得很准。

因此,我就又萌发了读书的念头,并且去和表兄沈称商量这件事。表兄说:"郁海谷先生正好在沈友夫家里开馆办学。我送你去沈友夫家,靠在他家里求学,很是方便的。"

于是,我便礼拜郁海谷先生为师。

历事练心第三

（一）

孔为余起数^①：县考童生^②，当十四名；府考^③七十一名；提学考^④第九名。明年赴考，三处名数皆合。

复为卜终身休咎^⑤，言：某年考^⑥第几名，某年当补廪^⑦，某年当贡^⑧。贡后某年，当选四川一大尹^⑨，在任三年半，即宜告归。五十三岁八月十四日丑时，当终于正寝^⑩，惜无子。

余备录^⑪而谨^⑫记之。

【注释】

①起数：占卜用语，俗称算卦。起：推算。

②童生：明清科举制度，凡是习举业的读书人，不管年龄大小，未考取生员（秀才）之前，都称为童生或儒童。但是，童生并不完全等同于未考上秀才的学子。根据明朝史书记载，只有通过了县试、府试两场考核的学子才能被称作童生，成为童生方有资格参加院试，成绩佼佼者才能成为秀才。

③府考：即府试。府试是中国古代明、清两朝科举考试程序中"童

试"的其中一关。通过县试后的考生有资格参加府试。府试由知府主持,在管辖本县的府进行。府试通过后才有资格参加院试。

④提学考:即院试,童试之一。各地考生在县里或府里参加考试,由省里的提督学政主持,考取者称为生员,俗称秀才(茂才)或相公。提学:学官名,"提督学政"之简称,是古代专门负责地方教育文化的最高行政长官。

⑤休咎:吉凶,善恶。

⑥年考:又称"岁考"。明代提学官和清代学政,每年对所属府、州、县生员、廪生举行的考试,分别优劣,酌定赏罚。凡府、州、县生员、增生、廪生皆须参加岁考。

⑦补廪:明清科举制度,生员经岁、科两试成绩优秀者,增生可依次升廪生,称之为"补廪"。补得廪生之缺后,即可领取公家补贴的米粮。廪:原是粮食或粮仓,这里指官府供给的粮食。

⑧当贡:科举制度从府、州、县生员(秀才)选拔入京师国子监读书的学子。生员(秀才)一般是隶属于本府、州、县学,除应乡试中举人为"正途"外,其他未中举者经过考选升入京师国子监读书以谋出身,称之为"贡生",意为以人才贡献给朝廷,地位在廪生之上、举人之下。明代有岁贡、选贡、恩贡和纳贡;清代有恩贡、拔贡、副贡、岁贡、优贡和例贡等。

⑨大尹:府、县行政长官的别称。

⑩正寝:居住的正室。

⑪备录:全部记录。备:完备,齐全。

⑫谨:慎重恭敬之意。

【解读】

孔先生给我推算命运数理:说我县考童生应当考中第

十四名；府考会取得七十一名；在提学主持的考试中是第九名。到了第二年，我去参加考试，这三处考试的名次完完全全符合。

孔先生又为我占卜一生的吉凶祸福。孔先生说我某某年岁考第几名，某某年应当补为廪生，某某年成为贡生。入贡后的某年，应当被选拔为四川的一个知县，在任三年半后，就应该告老还乡了。五十三岁那年的八月十四日丑时（凌晨一点到三点之间），享尽天年，寿终正寝，可惜的是命中没有儿子……

我把这些全部都记录了下来，并且谨记在心。

（二）

自此以后，凡遇考校①，其名数先后，皆不出孔公所悬定②者。独算余食廪米③九十一石五斗当出贡④，及食米七十余石⑤，屠宗师⑥即批准补贡。余窃疑之。

后果为署印⑦杨公所驳。直至丁卯年⑧，殷秋溟⑨宗师见余场中备卷⑩，叹曰："五策⑪，即五篇奏议⑫也！岂可使博洽淹贯⑬之儒，老于窗下乎？"遂依县申文⑭准贡。

连前食米计之，实九十一石五斗⑮也！

余因此益信"进退有命，迟速有时"，澹然⑯无求矣。

【注释】

①考校：考试，考核，考察。

②悬定：预定，算定。

③廪米：旧指官府按月发给廪生的粮食。

④出贡：秀才成为贡生，就不再受儒学管教，俗称"出贡"。另外，科举屡试不第的贡生，可根据资历依次到京，由吏部选任杂职官员。某年轮着，也叫作"出贡"。

⑤七十余石：书局本作"七十一石"。

⑥宗师：明清时提督学道、提督学政的尊称。

⑦署印：代理官职。这里指代理提学之职的杨姓官员。旧时官印很重要，同于官位，故名。

⑧丁卯年：即1567年。

⑨殷秋溟（1512—1581）：字时训，号秋溟，直隶南京人，嘉靖二十年（1541）进士，授户部主事。历任江西参政、南京太常寺卿，万历初年升南京礼部右侍郎，管国子监祭酒事。

⑩备卷：备选试卷。在未录取的试卷中找出一些尚可的答卷作为备用卷，作补录用。

⑪策：古代考试的一种文体，多就政治和经济问题发问，让考生回答。提出问题，要求对答，称"策问"；回答问题，说明见解，称"射策""对策"。

⑫奏议：是古代的一种上行公文文体，臣子向皇帝上书言事，条议是非文书的统称。由于自身的特性，奏议具有极大的社会功能和文化意义，因此而为官吏所极为重视。

⑬博洽淹贯：形容知识渊博且深通广晓。洽：指对理论了解得透彻。淹：指文义透彻。贯：贯穿。《论语·里仁》："吾道一以贯之。"

⑭申文：向上级行文呈报，即呈文。

⑮斗：容量单位，十升为一斗，十斗为一石。

⑯澹（dàn）然：清心寡欲的样子。澹：同"淡"。

【解读】

从此以后，凡是遇到考试，每次考试的名次，都不出孔先生所料。只有一件事，孔先生算我必须领取廪米到九十一石五斗，才会补贡生。可是，当我领到七十余石时，屠宗师就批准我补上了贡生。从此，我私下里就开始有点怀疑孔先生了。

到后来，屠宗师批准我补贡的呈文，果然被代理提学杨先生驳回了。一直到丁卯年，殷秋溟宗师看到我考试时的备选试卷，赞叹道："这五篇策论，简直就是五篇奏议啊！怎么能让一位如此博学明理的读书人埋没到老呢？"于是，就依据县里的呈文，批准我补升为贡生。这样以来，连同以前的廪米，正好是九十一石五斗啊！

经历了这一番折腾后，我更加相信：一个人的功名沉浮都是命中注定的，发达或快或慢也各有其既定的时间。因此，心中也就平淡了下来，对于功名富贵乃至人世的一切，再也不想苦苦营求了……

亲近明师第四

（一）

贡入燕都^①，留京一年，终日静坐^②，不阅文字。

己巳^③归，游^④南雍^⑤，未入监^⑥，先访云谷会^⑦禅师^⑧于栖霞山^⑨中。对坐一室，凡三昼夜不瞑目。

【注释】

①燕都：也称燕京，即今北京。因古时为燕国的都城而得其名。

②静坐：儒释道等修身养性的一种重要方法。

③己巳：即1569年。

④游：外出求学或求官。西汉司马迁《史记·太史公自序》："二十而游江淮。"

⑤南雍：指明代设在南京的国子监，建于明太祖洪武十五年（1382），规模盛大。由于明朝首都北迁，所以设有两个国子监。设在南京的国子监谓"南监"或者"南雍"，设在北京的国子监称"北监"或者"北雍"。国子监是中国古代最高学府和教育管理机构。晋武帝司马炎始设国子学，隋炀帝改为国子监。唐宋时代国子监是国家的教育管理机

亲近明师第四

（一）

贡入燕都[1]，留京一年，终日静坐[2]，不阅文字。

己巳[3]归，游[4]南雍[5]，未入监[6]，先访云谷会[7]禅师[8]于栖霞山[9]中。对坐一室，凡三昼夜不瞑目。

【注释】

①燕都：也称燕京，即今北京。因古时为燕国的都城而得其名。

②静坐：儒释道等修身养性的一种重要方法。

③己巳：即1569年。

④游：外出求学或求官。西汉司马迁《史记·太史公自序》："二十而游江淮。"

⑤南雍：指明代设在南京的国子监，建于明太祖洪武十五年（1382），规模盛大。由于明朝首都北迁，所以设有两个国子监。设在南京的国子监谓"南监"或者"南雍"，设在北京的国子监称"北监"或者"北雍"。国子监是中国古代最高学府和教育管理机构。晋武帝司马炎始设国子学，隋炀帝改为国子监。唐宋时代国子监是国家的教育管理机

构，明清时国子监兼有国家教育管理机构和最高学府的双重性质。

⑥入监：旧时称进国子监读书为入监。

⑦云谷会：即云谷大师（1500—1575），一代高僧，祖籍浙江省嘉善县胥山镇，幼年出家，法名"法会"，号"云谷"。僧腊五十年，长坐不卧四十余年，明代中兴禅宗之祖。当年，云谷大师曾隐居于南京栖霞山深处之"天开岩"清修。大师接引大众，往往一句话都不说，丢一蒲团让来者参"父母未生前本来面目"。大师七十三岁时，由嘉兴诸名贤从南京栖霞山请归故里，居乡三年，即万历三年乙亥正月初五日"寂然而逝"，葬于嘉善大云寺右。

憨山德清大师（明末四大高僧之一）撰有《云谷先大师传》。

⑧禅师：对于禅法修持有所证悟者。禅：佛家修行的法门之一。

⑨栖霞山：位于南京市栖霞区，又名摄山，被誉为"金陵第一明秀山"，南朝时山中建有"栖霞精舍"，因此而得名。栖霞山素有"六朝胜迹"之称，有"一座栖霞山，半部金陵史"之美誉。历史上曾有五王十四帝登临此山，古迹遗址八十余处，千年古刹、"三论宗"祖庭、佛教"四大丛林"之一的古栖霞寺座落在栖霞山西麓。

【解读】

再后来，我因为出贡的机缘，到了北京的国子监读书，在京师待了一年。这一年里，我整日静坐，不看任何文字。

己巳年回来，我又去了南京的国子监读书。在还没有入学之前，我就先去栖霞山，拜访了云谷禅师。我和云谷禅师相互对坐在一个房子里，总共三天三夜没有合过眼。

（二）

云谷问曰："凡人^①所以不得作圣者^②，只为妄念相缠耳。汝坐三日，不见起一妄念^③，何也？"

余曰："吾为孔先生算定，荣辱死生^④皆有定数^⑤。即要妄想，亦无可妄想^⑥。"

云谷笑曰："我待汝是豪杰，原来只是凡夫。"

问其故。

曰："人未能无心^⑦，终为阴阳^⑧所缚^⑨。安^⑩得无数？但^⑪惟凡人有数。极善之人，数固^⑫拘^⑬他不定；极恶之人，数亦拘他不定。汝二十年来被他算定，不会转动一毫^⑭，岂非是凡夫？"

【注释】

①凡人：凡夫，即一般普通平庸之人。佛门认为，迷惑事理和流转生死的一般普通人为"凡夫"，即"六道凡夫"。

②圣者：即圣人。"圣"的繁体字是"聖"，上左有"耳"以表闻道，通达天地之正理；上右有"口"以表宣扬道理，教化大众；下边的"王"代表统率万物为王之德，德行遍处施行。《说文解字》曰："圣者，通也。"即通达事理谓之圣。简而言之，"圣人"的基本义是德高望重而有大智慧，已达到人类最高最完美境界的人，"才德全尽谓之圣人"。儒家讲圣人，专指孔子。古印度称圣人为"佛陀耶"，简称"佛"。

③妄念：虚妄的意念。佛门指凡夫贪着六尘境界的心。

④荣辱死生：书局本作"荣辱生死"。

⑤定数：一定的气数、命运。谓人生世事吉凶祸福皆由天命或某种不可知的力量所决定。

就"数"而言，思尼子居士于《了凡四训本义直解》有一番阐释，恭录如下：

何谓"数"？简言之，即是"业力"所成是也。凡人之所以沉沦六道，枉受生死轮回之苦，只因"妄念相缠耳"。众生一念无明，起惑造业，不论所造之业如何，即于八识田中落下种子，累积而形成"数"。不论善念或恶念，皆属于"惑"，此乃业力之根源。善有善报，恶有恶报，因缘成熟时，即随其业、其数而受其应得果报！众生一期报身中，应该投身何处、何家，皆受自身前造之"业力"牵引。其福报之大小、多寡，亦皆可以依"数"而推算得知。相师论命所依据之"四柱八字"，此即由"数"呈现，依此即能推算出一个人的吉凶祸福、福报大小。俗话说："赚钱有数。"一切祸福皆是自作自受，并非天地神祇赐福降祸。天地鬼神若能赐福降祸，亦必有所根据，并非私心好恶而随意施加；更非烧点纸钱贿赂，即可得到天地鬼神之恩宠。若是有此行径，即是污蔑、毁谤天地鬼神，非但不能因之得福，恐怕还将损福招祸！另外，今人不解此理，不在去恶从善上去下功夫，反过来却在婴儿的生辰上动脑筋，多方选择最好的时辰去做剖腹生产，企图以此旁门左道来求得好命数。此一行径，实乃痴心妄想，缘木求鱼！恳请仁者，切莫效此愚行，以免徒生悔恨。

知此至理，则人生世间，即能敦品励行，不会怨天尤人，则人民即可安居乐业，国家社会亦能安定祥和，大同世界不求自成！

⑥妄想：佛门用语。指虚妄的念头。不当于实曰妄，妄为分别而取种种之相，曰妄想。《大乘义章》卷三："凡夫迷实之心，起诸法相。执相施名，依名取相。所取不实，故曰妄想。"

⑦心：这里指妄想心，或者说是一般普通人的烦恼之心，即"妄

心"。与"妄念""妄执"等同义。

⑧阴阳：古代哲学概念。古人把矛盾运动中的万事万物概括为"阴""阳"两个对立的范畴，并以双方变化的原理来说明世界的运动和变化。

⑨缚：捆绑。此处是限制的意思。

⑩安：怎么，哪里。

⑪但：只，仅。在古汉语中，"但"字不当"但是"讲，"但是"意义用"然"或"而"表示。

⑫固：本来。

⑬拘：束缚，限制。

⑭不会转动一毫：觉本、书局本皆作"不曾转动一毫"。

【解读】

云谷禅师问道："一般普通人之所以不能够成为圣人，只不过是被妄念缠缚住罢了。你坐了三天三夜，却没起一个妄念，这是什么原因呢？"

我回答说："我的命运全被孔先生算定了。生死荣辱是都有定数的。因此，我即使想要妄想，实在也没有什么好想的了。"

云谷禅师笑道："我还当你是个英雄豪杰人物，原来不过是个凡夫俗子而已。"

我不明白禅师话中的意思，于是就请问其中的原因。

云谷禅师回答说："一般人是不可能没有妄想心的，因此而终究被阴阳所限制。如此一来，怎么会没有定数呢？不过，仅仅只有一般的凡夫俗子才会受制于定数。至于极善的人，时时存好心，常常说好话、做好事，所以能够远离灾祸得到福报，从而改变了定数，所以定数本来就不能限制他的命运；那些极坏的人，因为时时存恶念，常常说坏话、做坏事，大大减损了自己的福报而招来灾祸，定数也因此而发生了改变，所以也就不能限制他的命运了。你二十年来的命运被他算定，连一丝一毫都没有变动过，难道这还不算是个凡夫俗子吗？"

（三）

余问曰："然则数可逃乎？"

曰："命由我作，福自己求。《诗》①《书》②所称，的③为明训④。我教典⑤中说：'求富贵得富贵，求男女得男女，求长寿得长寿。'夫妄语⑥乃释迦⑦大戒⑧，诸佛菩萨，岂诳语⑨欺人？"

【注释】

①《诗》：即《诗经》，是中国最早的一部诗歌总集，收集了西周初年至春秋中叶（前11世纪至前6世纪）的诗歌，反映了当时社会五百年的风貌，共三百一十一篇，分为《风》《雅》《颂》三部分。《诗经》的作者绝大部分已无法考证，传为孔子编订。《诗经》在先秦时期称为《诗》，或称《诗三百》。西汉时被尊为儒家经典，始称《诗经》，沿用至今。

②《书》：即《尚书》，或称《书经》，是儒家重要的核心经典著作之一，约成书于前五世纪，相传由孔子编撰而成。它是中国上古历史文献和部分追述古代事迹著作的汇编，保存了夏商周特别是西周初期的一些重

要史料。

③的（dí）：确实。

④明训：智慧明确的教诲（训诫）。

⑤教典：此处指佛教经典。

⑥妄语：佛门术语。五戒之一，十恶之一。其基本意思是虚妄不实的话，说假话。《大乘义章》曰："言不当实，故称为妄。妄有所谈，故名妄语。"

⑦释迦：即佛教创始人释迦牟尼佛。此处指佛门。

⑧戒：禁止，准则、规范。在佛门，戒用来防范身心过失，分出家、在家两种不同戒律。

⑨诳语：骗人的话，或者说谎话或者说大话。佛是"五语者"，《金刚经》曰："如来是真语者、实语者、如语者、不诳语者、不异语者。"

【解读】

我追问道："既然是这样的，那么这种定数能够逃脱得了吗？"

云谷禅师说："其实一个人的命运，是由自己决定的，福也是自己求得的。这些道理早在《诗经》《尚书》等经典里都讲过了，确实是很明确的教诲。佛教经典中说：'想要求得富贵，就一定能够得到富贵；想要个男孩或者女孩，就决定生个男孩或者女孩；想要求取长寿的人，也一定会得到长寿。'说谎话是佛门的大戒，诸佛菩萨怎么可能说谎话欺骗人呢？"

余进曰："孟子言求则得之，是求在我者也①。道德仁义可以力求，功名富贵如何求得？"

云谷曰："孟子之言不错，汝自错解了^②。汝不见六祖^③说^④'一切福田，不离方寸。从心而觅，感无不通'^⑤？求在我，不独得道德仁义，亦得功名富贵。内外双得，是求有益于得也。若不返躬内省^⑥，而徒^⑦向外驰求^⑧，则求之有道，而得之有命矣。内外双失，故无益。"

【注释】

①孟子……我者也：孟子说凡是能够求取得到的东西，必定是我们本身所具有的。《孟子·尽心上》："求则得之，舍则失之，是求有益于得也，求在我者也；求之有道，得之有命，是求无益于得也，求在外者也。"又曰："万物皆备于我矣。"孟子的意思是一切万物我都具备了，亦如六祖慧能大师开悟时所说："……何其自性，能生万法。"儒释道，一也。

②汝自错解了：书局本作"汝自错解耳"。

③六祖：禅宗六祖慧能（648—713），俗姓卢，唐代南岭新州（今广东新兴）人，得黄梅五祖弘忍传授衣钵，继承东山法门建立南宗，为禅宗第六祖，世称六祖。唐中宗追谥为"大鉴禅师"。六祖得法传法的事迹及言教集录于《六祖坛经》。

④说：陈述，解说。此处指开示。佛门高僧大德为弟子及其信众说法，称之为"开示"。开：点化，使对方开悟。示：示现，展示，展现给对方看。

⑤一切福田……感无不通：一般流通本误以为是言出自《六祖坛经》，而《六祖坛经》有是意却无是言。此言出处，待考。福田：指供养布施和行善修德就能受福报，犹如播种田亩有秋收之利，故称之为福田，

分"恩田""敬田""悲田"等类。方寸:指心。觅:寻找。

⑥返躬内省(xǐng):书局本作"反躬内省"。意思是反过头来检查自己的思想和言行,看有没有过失。躬:自身。内省:自我反省,即指在内心省察自己的思想、言行有无过失。

⑦徒:白白地。西汉司马迁《史记·廉颇蔺相如列传》:"秦城恐不可得,徒见欺。"

⑧驰求:盲目奔走追求。《坛经·机缘品》:"莫学驰求者,终日说菩提。"明代王阳明《传习录·薛侃录》:"世儒惟不如此,舍心逐物,将格物之学错看了,终日驰求于外,只做得个'义袭而取',终身行不著,习不察。"

【解读】

我听了禅师的话后,还是不理解,于是就进一步请问:"孟子曾经说过这样的话,凡是能够求得到的,必定是我们自身所具有的东西。像仁义道德诸类,我们自性之中本来就具有,通过努力修养自身是可以求得到的。但是,那些功名富贵却是外在的东西,谁都没有百分之百的把握,常常是要依靠他人的赏识、提拔等等,怎么可以说求就求得到呢?"

云谷禅师回答说:"孟子所言并没有错,是你自己理解错了。你难道不知道六祖慧能开示过'人的一切福报,都离不开我们自己的心地;只要在自己心地上下功夫寻求,就绝对没有感应不到的'这句话吗?只要肯在我们自己心地上努力寻求,不仅仅可以成就我们的仁义道德,就是那些功名富贵也照样求得到!我们内在的修养和外在的福报都能够双双求取得到,这样的求法才算得上是有益而正确的求取方法。如果我们自己不回过头来自我反省，而是白白地盲目向外奔走追求那些功名富贵，那么即使遇到了好的求取方法，也得要看看你命里有没有，或者说是命里担得起担不起。这种求取的方法，既不能帮助我们加强自己内在的修养，也无助于我们获取外在的利益，使我们内外的利益双双失去。因此而言，这不但是毫无益处的，而且还是有害的求取方法。"

（四）

因问："孔公算汝终身若何？"

余以实告。

云谷曰："汝自揣①应得科第②否？应生子否？"

余追省③良久④，曰："不应也！科第中人，类有福相⑤，余福薄，又不能积功累行⑥，以基厚福；兼不耐烦剧⑦；不能容人；时或⑧以才智盖⑨人，直心直行，轻言妄谈……凡此皆薄福之相也，岂宜科第哉？

【注释】

①揣：估量，猜测。

②科第：此处指通过科举考试取得功名。举人、进士、翰林等考选，皆称为科第。

③追省：追想反思。

④良久：很久。

⑤类有福相：书局本作"有福相"。类：大都，大致。

⑥积功累行：长期行善，积累功德。

⑦烦剧：繁重、繁多。剧：复杂，繁难。

⑧时或：有时，偶尔。

⑨盖：胜过，超过。

【解读】

云谷禅师于是就接着问我："孔先生推算你一生的命运是什么样的？"

我根据当时的实情，向禅师作了禀告。

云谷禅师说："你好好想想自己，是否应该会取得科考功名？是否应该会有儿子？"

我追忆反思了很长的时间，才回答说："这些都是我不应该得到的啊！科举考试取得功名的人，大都是很有福相的。我却是福气薄，又不能积功累德，从根本上来培植和加厚自己的福报；加上没有足够的耐烦之心，去干一些繁重碎杂的事务；我还心胸狭小不能包容他人；有时还自以为有点小聪明超过人，想怎么想就怎么想，想怎么做就怎么做，说话轻狂，随意乱谈……凡此种种，都是福薄之相啊！这哪里是应该会考取科举功名的人呢？

"地之秽①者多生物，水之清者常无鱼，余好洁，宜无子者一；和气能育万物，余善怒，宜无子者二；爱为生生②

之本，忍③为不育之根，余矜惜④名节，常不能舍己救人，宜无子者三；多言耗气，宜无子者四；喜饮铄精⑤，宜无子者五；好彻夜长坐，而不知葆元毓神⑥，宜无子者六。其余过恶尚多，不能悉数⑦。"

【注释】

①秽：脏，污秽。

②生生：指事物的不断产生及其变化。《易·系辞上》："生生之谓易。"

③忍：此处指狠心或者残忍，是没有同情心而不肯帮助他人的意思。

④矜(jīn)惜：怜惜，爱惜。

⑤铄(shuò)精：消损精气。铄：消损，削弱。

⑥葆元毓(yù)神：保养元气，养育精神。葆：保持。毓：养育。

⑦悉数：全部数出，完全列举。

【解读】

"土地越是脏的地方越能生长东西，过于干净的水中却常常没有鱼类生存，我却有洁癖，这是我不应该有儿子的第一个原因；和气才能孕育万物，我却非常容易发怒，这是不应该有儿子的第二个原因；仁爱是世界万物生命的根本，残忍是不能孕育的根由，我却过分地爱惜自己的名声和节操，经常不能舍己而救助他人，这是不应该有儿子的第三个原因；我又话多损伤元气，从而影响了身体的健康，这是不应该有儿子的第四个原因；我还喜欢喝酒，致使过多地消耗精神，这是不应该有儿子的第五个原因；我也喜欢彻夜不眠地长时间静坐，却不知道保养元气，养育精神，这是不应该有儿子的第六个原因。其余的过错、坏习气乃至恶行还有很多很多，无法全部一一列举出来。"

云谷曰："岂惟科第哉？世间享千金之产者，定是千金人物；享百金之产者，定是百金人物；应饿死者，定是饿死人物。天不过因材而笃^①，几^②曾加纤毫意思？即如生子，有百世^③之德者，定有百世子孙保之；有十世之德者，定有十世子孙保之；有三世二世之德者，定有三世二世子孙保之；其斩焉无后者，德至薄也^④！

【注释】

①天不过因材而笃：语出《中庸》："故天之生物，必因其材而笃焉。"一般流通本谓天不过在他本来的质地上加重一些罢了，误。确切的意思是：上天依据个人本来的实际祸福大小，予以真实回报。说明造作善恶的人，必定会自招祸福果报的道理。正如老子所言："祸福无门，惟人自召。"亦如俗语所谓的"自作自受"。上天秉持着这一自然规律，而执行奖善惩恶的职责，不会刻意加重或者减轻人的福报和灾祸的果报。

材：质性，此处指善恶的质性。笃：厚，此处指真实对待，即"报应"。

②几（qǐ）：副词，通"岂"，表示反问，可译为"哪里"。

③世：古代称三十年为一世。

④其斩焉无后者，德至薄也：那些没有后代子孙延续，或者说没

有好子孙继承的人，是因为他们积德太少了啊！这是当年云谷禅师随顺世俗的见解，来劝勉先生要努力积德行善。大师之意在于强调积德行善之重要性也！此属于佛门的方便说，"俗谛"罢了，而非"真谛"。如果依据因果自然法则，究实而言，有无子嗣各有因缘，不可一概以"德薄"而论之。有子嗣的人未必都有福德，没有子嗣的人也不一定就福德浅薄。解释此言，最最不可依文解义，否则容易让人误解。一般流通本解释为"那些只享一代的福，到了下一代就断绝没有后代的，那是他的功德极薄的缘故。恐怕不但是功德极薄，老实说还恐怕是罪孽积得不少……"云云。诸如此类，真正是错解先生真实义也！

斩：断绝。至：极。

【解读】

云谷禅师听完我的自我批评以后，说："照你这样说来，哪里只是不应该取得科举功名之类呢？你不应该得到的恐怕还有很多吧。世间那些享有千金产业的人，一定是拥有千金福报人物；享有百金产业的，也一定是拥有百金福报人物；应该饿死的，绝对本来就是个命中注定遭遇饿死果报的人物。上天不过是让每个人得到了他应该得到的吉凶祸福，哪里曾经增减过一丝一毫呢？就拿生儿子这件事来说，积累了百世福德功业的人，确实就会有百世的子孙来继承延续他的福德功业；积累了十世福德功业的人，确实就会有十世的子孙来继承延续他的福德功业；积累了三世二世福德功业的人，确实就会有三世二世的子孙来继承延续他的福德功业；至于那些没有后代子孙延续，或者说没有好子孙继承的人，是因为他们积德太少了啊!

　　"汝今既知非,将向来不发①科第,及不生子之相,尽情改刷②。务要积德,务要包荒③,务要和爱,务要惜精神……从前种种,譬如昨日死;从后种种,譬如今日生。此义理再生之身也④。

【注释】

　　①发:获得。古代考得科第,称之为"发科",或"发甲"。
　　②改刷:改正清除。
　　③包荒:包纳荒秽。指胸怀广阔,能够包容一切。语出《周易·泰》:"包荒,用冯河,不遐遗。"
　　④义理再生之身:即佛门所说的法身,是永恒不灭的智慧生命,可理解为愿力大于业力的生命之身。义理:指合乎伦理道德的行事准则。西汉董仲舒《春秋繁露·五行顺逆》:"故动众兴师,必应义理,出则祠兵,入则振旅,以闲习之。"

【解读】

　　"你现在既然知道自己以前的过错了,就必须要把一向不能考取科举功名和不能生儿子的过错,尽心尽力全都改正刷新过来,彻底清除得干干净净。务必要行善积德,务必要多多包容,务必要温和友爱,务必要爱惜精神……从前你的种种过错乃至罪恶,就像是昨天已经死去,都成为了过去;今后你的种种言语举止,就像今天刚刚出生一样,一切都要重新开始。这就是超越命运定数的义理再生之身，永恒不灭的智慧生命。

　　"夫血肉之身尚然有数，义理之身岂不能格天^①？
　　"《太甲》^②曰：'天作孽犹可违^③，自作孽不可活^④。'
　　"《诗》云：'永言配命^⑤，自求多福。'
　　"孔先生算汝不登科第，不生子者，此天作之孽，犹可得而违。汝今扩充德性^⑥，力行善事，多积阴德^⑦。此自己所作之福也，安得^⑧而不受享乎？
　　"《易》^⑨为君子^⑩谋，趋^⑪吉避凶。若言天命有常^⑫，吉何可趋，凶何可避？开章第一义便说：'积善之家，必有余庆。^⑬'汝信得及否？"

【注释】
　　①格天：感通于天。格：来、至，引申为感通。东汉王充《论衡·感类》："周公曰：伊尹格于皇天。"
　　②《太甲》：《尚书》篇名，记载商王太甲和丞相伊尹的事迹，分上、中、下三篇。
　　③天作孽犹可违：孽，指妖孽，即灾祸、不祥、怪异的征象。违，规避。这句话的实际含义是上天因为人世间的不道而降灾，降灾前会有前兆，如果执政者及时修德改正错误，那么灾难就有可能被化解。
　　④自作孽不可活：自己作恶无法逃避。孽：罪恶。活：逃。
　　⑤永言配命：做事永远和天命相符。语出《诗经·大雅·文王》，朱熹《集注》："永，长也；言，犹念也；配，合也；命，天命也。"

⑥德性：人的道德本性。

⑦阴德：行善而不为人知的功德，在人世间做的而在阴间可以记功的好事。《淮南子·人间训》："有阴德者必有阳报，有阴行者必有昭名。"

⑧安得：怎么能够。

⑨《易》：即《周易》，简称《易》，包括《经》和《传》两个部分。《周易》是中国传统思想文化中自然哲学与人文实践的理论根源，是中国古代民族思想、智慧的结晶，被誉为"大道之源"。有人以为《易经》就是《周易》，《周易》就是《易经》，这是一个小误会。其实《易经》有"三易之说"：一曰《连山易》，二曰《归藏易》，三曰《周易》。

⑩君子：此处指仁厚有德者。

⑪趋：趋向，奔向。

⑫常：长久，永久不变。

⑬积善之家，必有余庆：意思是积德行善的家族，必然留下许多吉祥的福报，恩泽及于子孙。余庆：指先代的遗泽。庆：福。《周易·坤·文言》："积善之家，必有余庆；积不善之家，必有余殃。"

【解读】

"我们这血肉之躯尚且还有个定数，难道那具足正义公理的道德生命，就不能感通上天吗？

"《尚书·太甲》说：'上天所降的灾祸，还是能够躲开的；可是自己所造作的罪孽，就无法逃避了。'

"《诗经》说：'为人行事应该常常考量是否合乎天道，以便为自己去求得更多福报。'

"孔先生算定你不能够取到科第功名，命中也没有儿子，这是属于上天给你注定的命。这种命运还是可以改变的！你现在就扩大充实自己的道德修养，努力行善，多积阴德。这是自己所造的福德，怎么就不能够享受这应该得到的福报呢？

"《周易》是帮助君子进行谋划的一部经典，专谈如何求得吉祥，如何避开灾难。如果说上天注定的命运是不可改变的，那么吉祥如何去求得，那灾难又如何去避免呢？《周易》开章第一义就说：'积德行善的家族，必然留下许多吉祥的福报，恩泽及于子孙。'你是否能够相信这个道理呢？"

<h2 style="text-align:center">（五）</h2>

余信其言，拜而受教①。

因将往日之罪，佛前②尽情发露③，为疏④一通，先求登科⑤，誓行善事三千条，以报天地祖宗之德。

云谷出"功过格⑥"示余，令所行之事逐日登记，善则记数，恶则退除，且教持⑦《准提咒》⑧，以期必验⑨。

【注释】

①受教：接受教诲。

②佛前：此处指在佛像面前。

③发露：揭露，一丝一毫都不隐瞒，自己主动完完全全说出过去所犯的错误过失和罪恶。《天台四教仪》："一切随意发露，更不覆藏。"

④疏：奏章的一种，有使下情上达、上下疏通的意思。这里是名

词动用，指写文章。疏作为一种文体，自汉创始以来，沿用至清，是群臣论谏的总名。僧道拜忏时所焚化的祈祷文以及私人信件等，有时也有用"疏"这种文体。

⑤登科：也称"登第"，科举考中进士。唐制，考中进士称及第，经吏部复试，取中后授予官职，方称登科。到明、清两代，科举考试只设进士一科，三年一考，中式者进士及第谓之登科。

⑥功过格：初是儒门程朱理学家们逐日登记行为善恶以自勉自省的簿格，后由儒、释、道推广流行于民间，成为人们把自己的行为分别善恶逐日记录以考察功过的一种方法，用分数来表现行为善恶的程度，从而使行善戒恶得到具体的指导。

儒、释、道皆以"命由我作，福自己求"论人之祸福，认为人之夭寿、贵贱吉凶的定数，完全取决于自己的所作所为。行善者多吉，作恶者多凶。任何飞来的横祸，意外的福禄，看似偶然，实则是功过报应的必然体现。子曰："君子求诸己，小人求诸人。"孟子阐释道："行有不得者，皆反求诸己！"又曰："祸福无不自己求之者。"佛门则说《地藏菩萨本愿经》《十善业道经》等，详细阐释如是自然法则；《太上感应篇》开门见山曰："祸福无门，惟人自召。善恶之报，如影随形。"三教同源，如出一辙。一切圣贤皆是宇宙人生唯一真理的发现者和陈述者。

难得的是，"功过格"包含了儒、释、道三家如是真理，而又从现世出发，现世现报，立马见效。一般的具体做法是：分别列功格（善行）和过格（恶行）两项，并用正负数字标示。奉行者每夜自省，将每天行为对照相关项目，给各善行打上正分，恶行打上负分，只记其数，不记其事，分别记入功格或过格。月底作一小计，每月一篇，装订成本。每月如此进行，年底再将功过加以总计。功过相抵，累积其功或过，转入下月或下年，以期勤修不已。

⑦持：此处指念诵。

⑧准提咒：目前在显教《佛教念诵集》中作为"十小咒"之一。准提：佛门中一位感应力很强的菩萨。咒：佛说的一种修行秘密口诀。

准提神咒修持方法：

南无准提王菩萨摩诃萨（三称）

稽首皈依苏悉帝头面顶礼七俱胝

我今称赞大准提惟愿慈悲垂加护（三遍）

南无飒哆喃三藐三菩陀俱胝喃

怛侄他唵折戾主戾准提娑婆诃

（一〇八遍）

⑨验：产生预期效果。

【解读】

我完全相信禅师的话，赶快下跪礼拜，诚恳地接受他老人家的教诲。

于是，我就把自己以前的罪行，在佛面前一丝一毫都不敢隐瞒地全部揭露了出来，还写了一篇奏章，先祈求取得科第，并且发誓做三千件善事，以此来报答天地祖宗的恩德。

云谷禅师拿出"功过格"给我看，让我每天把所做过的事都一一记录在上面。如果做的是好事就增加数字，如果做了坏事就减去数字，并且教我修持念诵《准提咒》，来期待所求之事能够产生效验。

语余曰："符箓①家有云：'不会书符，被鬼神笑。'此有秘传，只是不动念也。执笔书符，先把万缘放下，一尘②不起。从此念头不动处，下一点，谓之混沌开基③。由此而一笔挥成，更④无思虑，此符便灵。

"凡祈天⑤立命，都要从无思无虑处感格⑥"。

【注释】

①符箓（lù）：指道教秘文，亦称"符字""墨箓""丹书"。符箓是符和箓的合称。符是道士书写的一种笔画屈曲似字非字的图形，用来驱鬼辟邪。箓是道士所用的符咒，记天曹官属佐吏之名，又有诸符错杂其间的秘文。符箓始见于东汉，《后汉书·方术传》记："河南有麹圣卿，善为丹书符，劾厌杀鬼神而使命之。"符是不可以随便乱画的，谚语云："画符不知窍，反惹鬼神笑；画符若知窍，惊得鬼神叫。"

②尘：这里指杂念。

③混沌开基：道家功理功法性修为名词。混沌：指入静后处于物我两忘的状态，天地物我，虚空无际，阴阳四象，同归合一。开基：开创或开始。《大成捷要》："百日十月关中，有七次混沌开基，皆得我师心传。"

④更：经历，经过。指画符的整个过程。

⑤祈天：祷告上天，祈求事情。

⑥感格：指感于此而达于彼，即感应或者感通的意思。宋代李纲《应诏条陈七事奏状》："然臣闻应天以实不以文，天人一道，初无殊致，唯以至诚可相感格。"

【解读】

云谷禅师又告诉我说："道家有句话说：'如果不会画符，就会被鬼神耻笑。'这里面有个秘诀，仅仅就是不动念头罢了。当拿起笔画符之时，先是要把那身心世界万事万物全部放下，要一丝一毫的杂念都没有。这个时候，物我两忘，念头也就不动了，用笔在符纸上点上那么一点，称之为'混沌开基'。从这一点开始，一笔挥成，整个过程真诚清净，无思无虑，没有任何杂念，那么这道符就会灵验。

"凡是祈祷天地，有所祈求，或者是想改造命运，都要像画符那样，从不起心动念上来下功夫。这样的真诚清净才能与天地感通，从而获得福报。

"孟子论立命之学，而曰：'夭寿不贰①。'夫夭与寿，至贰者也②。当其不动念时，孰为夭，孰为寿？

"细分之：丰③歉④不贰，然后可立贫富之命；穷通⑤不贰，然后可立贵贱之命；夭寿不贰，然后可立生死之命。

"人生世间，惟死生为重，夭寿则一切顺逆皆该之矣⑥。

【注释】

①夭寿不贰：短命和长寿没有什么区别。夭：短命。寿：长寿。《孟子·尽心上》："夭寿不贰，修身以俟之，所以立命也。"

②夫夭与寿，至贰者也：书局本作"夫夭寿，至贰者也"。

③丰：收成好。此处指富有。

④歉：收成不好。此处指贫穷。

⑤穷通：困厄与显达。《庄子·让王》："古之得道者，穷亦乐，通亦乐，所乐非穷通也；道德于此，则穷通为寒暑风雨之序矣。故许由娱于颍阳，而共伯得乎共首。"唐代李白《笑歌行》："男儿穷通当有时，曲腰向君君不知。"

⑥夭寿则一切顺逆皆该之矣：觉本、书局本皆作"曰夭寿，则一切顺逆皆该之矣"。该：具备，这里是包括的意思。

【解读】

"孟子阐述安身立命的道理时，却说：'短命和长寿毫无差别。'其实在一般人看来，短命与长寿是截然不同的两件事，怎么会没有分别呢？然而，当我们放下一切妄想，不起心不动念，达到物我两忘的境地之时，哪里还会有短命与长寿的分别呢？

"仔细分开来说：富有与贫穷须看成毫无差别，都要各自安分守己地做人。这样，贫穷者才能够转变成富有的命；本来就富有的人，也会因此而长久地保持福报。穷困与显达须看成毫无差别，都要规规矩矩地做事。这样，穷困者才能够变成显达的命；那本来就显达的人，也会因此而更加显达。短命和长寿须看成毫无差别，都应当珍爱生命，戒杀护生，积德行善，弘护正法，利益众生。这样，短命的才能够转变成健康长寿的命；本来就健康长寿的人，也会因此而更加福寿绵延。

"人生在世，生死最大。因此，孟子在这里只提'夭'与'寿'，那么一切顺境中的'丰'与'通'，一切逆境中的'歉'与'穷'，也就都包括在这里面了。

"至'修身以俟①之'，乃积德祈天之事。曰'修②'，则身有过恶，皆当治而去之；曰'俟'，则一毫觊觎③，一毫将迎④，皆当斩绝之矣！到此地位，直造⑤先天之境，即此便是实学⑥。

"汝未能无心⑦，但能持《准提咒》。无记无数，不令间断。持得纯熟⑧，于持中不持，于不持中持。到得念头不动，则灵验矣。"

【注释】

①俟（sì）：等待，等候。

②修：修正。

③觊觎（jì yú）：非分的希望或企图，非分之想。

④将迎：此处指念头的起落。一说迎合之意，一说非分之想，皆误。将：顺从，此处指念头离去。迎：迎合，此处指念头生起。"将迎"原指两种心理状态（心念）："将"是一种屈从于外在的压力而被动地放弃原则的心念；"迎"主动地放弃原则去迎合别人的心念。皆是起心动念，皆是欲望作祟，因此而心不清净。《庄子·应帝王》："至人之用心若镜，不将不迎，应而不藏，故能胜物而不伤。"明代王阳明《答伦彦式书》："恶动之心非静也，是之谓动亦动，静亦动，将迎起伏，相寻于无穷矣。"

⑤直造：直接达到。

⑥实学：真实的学问。

⑦无心：没有妄心，不起心动念。

⑧纯熟：精纯熟练。意思是修持念诵的功夫很高，绵绵密密，纯粹精一，不夹杂妄念。

【解读】

"至于孟子所说的'修养自身来等待上天的安排'，那是指积德行善，祷告上天祈求福报的事情。说'修'，就是说自己的言语举止如果有任何的过错以及恶行，都应当像对治疾病一样，痛下决心拔除它；说'俟'，是说等到修养的功夫深了，命运自然就会好转，这时哪怕有一丝非分之想，一毫或起或落的念头，都必须马上斩尽杀绝！如果修养的功夫能够到达这等程度，就算是已经直接达到不起心、不动念本自具有的先天地步了，也就是圣人的境界了。这才是世间最真实受用的学问。

"你尚未达到不起心、不动念的程度，只能修持念诵《准提咒》。不要故意去用心记，也不必去数自己念了多少遍，不要间断，一直念下去。等念诵到纯熟、烂熟的时候，自然就会达到虽然是口中在念，但自己却没有觉得是在念；虽然是口中没有念，但那心却在不知不觉中绵绵不断地念诵。如果照着这个样子修持下去，一直修到所有的念头都不会再生起来时，那么念咒的功夫自然就灵验了。"

（六）

余初号"学海"，是日改号"了凡①"。盖悟立命之说，而不欲落凡夫窠臼②也。

【注释】

①了凡：明了而超脱凡夫。了：明了，超脱。凡：凡夫。

②窠臼（kē jiù）：陈旧的格式，老一套。此处指庸俗见解。

【解读】

我当初的号是"学海"，就在这天改为了"了凡"。因为我这才真正觉悟到了人生在世安身立命的真实学问，从而也就不想再陷入凡夫俗子的庸俗见解之中了。

依教奉行第五

（一）

从此而后，终日兢兢①，便觉与前不同，前日只是悠悠②放任③，到此自有战兢惕厉④景象。在暗室屋漏⑤中，常恐得罪天地鬼神；遇人憎我毁我，自能恬然⑥容受。

到明年⑦礼部⑧考科举，孔先生算该第三，忽考第一，其言不验，而秋闱⑨中式⑩矣！

【注释】

①兢兢：谨慎小心的样子。

②悠悠：安逸的样子。

③放任：不加约束。

④战兢惕厉：心存敬畏而警惕谨慎的样子。

⑤暗室屋漏：指别人看不见的地方或者隐私之室。屋漏：内室西北角，古人认为此方位有神明驻守。引申义为无人之处。南宋张世南《游宦纪闻》第四卷："虽亏雅道，亦使暗室屋漏之下有所警，是亦小道之可观者。"

⑥恬（tián）然：安然的样子。

⑦明年：即1570年。

⑧礼部：礼部是中国古代官署之一，主要掌管考试、教育、礼仪、风俗等业务。北魏始置，隋朝以后为中央行政机构六部之一，掌管五礼之仪制及学校贡举之法。长官为礼部尚书，其后历代相沿不改。隋至宋属尚书省，元属中书省，明、清时为独立机构，直接听命于皇帝。

⑨秋闱（wéi）：科举制度中乡试的借代性叫法，是明清时期科举三级考试中最低级别的考试。因为每三年秋季八月，在各省省城举行一次考试，故名"秋闱"或者"秋试"。考中的称之为"举人"，取得参加会试的资格，然后是殿试。闱：考场。

⑩中式：指科举考试被录取，科举考试合格。《明史·选举志二》："三年大比，以诸生试之直省曰乡试，中式者为举人。次年，以举人试之京师曰会试，中式者天子亲策于廷曰廷试，亦曰殿试。"

【解读】

从此以后，我每天都很谨慎小心，就觉得与以前是大不相同了。以前平日里只是悠闲自在而放任自流，现在自然就有了一些心存敬畏而谨慎警惕的样子。即使在隐私之室或者别人看不见的地方，也常常怕一不小心得罪了天地鬼神；如果遇到有人厌恶我或者诽谤我，也就自然能够安然处之而容忍接受，不去与人斤斤计较了。

到第二年，礼部举行科举考试的预试，孔先生算我应该是第三名，我却突然考了第一名，这次他的预言并没有得到验证。到了这年秋天的乡试，我竟然考中了举人！

然行义①未纯，检身②多误③。或见善而行之不勇；或救人而心常自疑；或身勉为善，而口有过言；或醒时操持④，而醉后放逸⑤……以过折功，日常虚度。

自己巳⑥岁发愿⑦，直至己卯⑧岁，历十余年，而三千善行始完⑨。

【注释】

①行义：也称"行谊"。此处指品行或者道义。

②检身：自我约束自己。一说检讨、检点自身，不确。《尚书·伊训》："与人不求备，检身若不及。"

③误：此处是错误乃至荒谬的意思。

④操持：保持操守。

⑤放逸：放纵心思，任性妄为。佛门谓之不守规矩，即离善放纵而不修善法。

⑥己巳：指1569年。

⑦发愿：发起誓愿。佛门谓普度众生的广大愿心。后亦泛指许下愿心，即"许愿"。

⑧己卯：指1579年。

⑨完：完整，完成。古汉语"完"字，没有"完了""完毕"的意义。

【解读】

然而，我的品行还不够纯正，在自我约束方面尚存有诸多错误乃至荒谬之举。有时善事做是做了，但做得却不够积极、勇猛；有时救助他人，心下却常常还有些疑惑而不够果决；有时自己虽然勉强努力做着善事，但嘴上却说些不三不四的话；有时平常清醒的时候还能保持操守，可是一旦喝醉了酒就不行了……以过折功，平常许许多多的日子还是等于白白虚度荒废了。从己巳年发心，直到己卯年，历时十多年，那三千件善事才总算完成了。

（二）

时方从李渐庵①入关②，未及回向③。庚辰④南还，始请性空、慧空⑤诸上人⑥，就东塔禅堂回向。遂起求子愿，亦许行三千善事。

辛巳，生汝天启⑦。

【注释】

①李渐庵：即明代大臣李世达，字子成，号渐庵，泾阳（今属陕西）人。嘉靖三十五年（1556）进士，历任户部、吏部主事、文选郎中、南京太仆卿、南京吏部、兵部、刑部尚书等职。

②关：指山海关。

③回向：佛门用语。回转自己所修功德而趋向于所期，是谓回向。回：回转。向：趋向。回向是佛门教育教学过程中，非常重要的一种实践活动。回向是实践"自他两利""怨亲平等"大乘菩萨道的最佳法门，因为回向的对象可广及法界一切众生也可具体到某一众生。回向给怨亲债主，可以化恶缘为善缘，化阻力为助力。回向是"无缘大慈，同体大悲"的精神体现，一念真诚回向心，被推为菩萨一切行中之上首。因此，无论修

什么行门，做什么功德，皆应回向。大体归纳，回向可分六类：其一、回事向理，将所修千差万别的事相功德，回向于不生不灭的真如法界理体；其二、回因向果，将因中所修的一切功德，回向最高无上的佛果；其三、回自向他，将自己所修的一切功德，回向给法界众生；其四、回小向大，将自觉自度的小乘之心，回向转趣于大乘的自利利人；其五、回少向多，善根福德虽少，以欢喜心大回向，善摄一切众生；其六、回劣向胜，将随喜二乘凡夫之福，回向欣慕无上菩提。

④庚辰：指1580年。

⑤性空、慧空：是当时嘉善县城景德寺僧，帮助袁公在万历八年（1580）东塔禅堂回向，修建求子道场，发起求子愿的上人。其中慧空名如谷，嘉善思贤乡（陶庄）人。据有关考证称："东塔禅堂应在景德寺内。《嘉善县志》载：'原地基一十三亩五分两厘六毫，量难办，举人袁黄代输其半。'当指此事。"

⑥上人：指持戒严格精于佛法的僧侣或对长老和尚的尊称。《释氏要览·上》："《增一经》云：'夫人处世，有过能自改者，名上人。'"古德云："内有智德，外有胜行，在人之上，名上人。"也有的地方称家中长辈为"上人"。

⑦辛巳，生汝天启：书局本作"辛巳，生男天启。"

辛巳：指1581年。

天启：即袁天启，后改名袁俨，字嘉思，号素水，少承家学，博览群书，天启五年（1625）进士。任广东高要县令，鞠躬尽瘁，累死任上，年仅四十七岁。生有五子一女。

天启七年（1627），高要县夏水加秋涝，城中水深三尺，素水公奔走救灾，"暑雨中竭力求援治苦……细看贫户，目不暇睫，劳瘁呕血，犹亲民事，遂至不起。归途囊箧萧然，士民市唁，巷哭如丧所生……"为民而死，重于泰山，其死也生！

了凡先生非常重视家庭教育,教育得也非常成功。素水十四岁时,先生为之撰写《训儿俗说》;素水二十岁为之撰述《立命之学》。《立命之学》是高屋建瓴地讲道理,而《训儿俗说》则具体备至便于实际操作。

先生与另一位嘉善名人陈龙正的父亲陈于王(号颖亭,福建按察使)是万历十四年的同科进士,两人情趣相投,常探讨修德行义之举。素水之妻即陈于王之女,素水夫妇墓在嘉善县下甸庙沙塔浜。

【解读】

当时,我正巧跟随李渐庵先生从山海关回到了关内,没有来得及把那三千件善事回向。庚辰年回到南方的家乡,才请性空法师、慧空法师等诸位上人,在东塔禅堂做了回向。于是,就又发出了求得儿子的心愿,也许下做三千桩善事。

到辛巳年,就生下了你,取名"天启"。

余行一事,随以笔记。汝母①**不能书,每行一事,辄**②**用鹅毛管,印一朱圈于历日**③**之上。或施食贫人,或买放生命**④**,一日有多至十余圈者**⑤**。**

至癸未⑥**八月,三千之数已满。复请性空辈**⑦**,就家庭回向。**

【注释】

①汝母:了凡先生继配妻子沈氏,赠封"恭人",也称"沈孺人",《袁氏家乘》有记。嘉善名门麟溪(今杨庙)沈家之女,为了凡先生父亲

挚友沈槃（一之）的后代，两家是世交。袁仁赞叹沈一之"吾乡文行兼修之士"，《嘉善县志》有沈一之及其后代沈大奎等传。

②辄（zhé）：就，总是。

③历日：日历，历书。

④或买放生命：书局本作"或放生命"。放生命：即放生，指释放被羁禁的生命。我国放生活动古已有之。狭义单指人命；广义则指一切人命与禽兽。春秋战国时代，就有在特殊日子放生之说，甚至已出现了专门捕鱼鸟以供放生之情况。《列子·说符篇》载："正旦放生，示有恩也。"但是持续、广泛的放生习俗的形成，还是在佛教传入中国之后。"戒杀护生"是佛门生命观的重要体现，可得健康长寿的果报。明末四大高僧之首，净土八祖莲池大师极力提倡"戒杀护生"，祖师亲撰《戒杀放生文》《杀罪》《医戒杀生》《杀生人世大恶》等，大声疾呼"畜生有佛性""畜生有知觉""畜生能轮回往尘""畜生也会伤心痛苦"。祖师努力践行并为世范，凿建放生池、召集放生社团、修订放生仪轨、制定放生会约，对佛门放生进行制度性建构，从而使放生活动在精神上符合时代价值需求，在形式上又有了组织制度保障。憨山德清大师曾于《云栖莲池宏大师塔铭》撰述："极意戒杀生，崇放尘，著文久行于世，海内多奉尊之。"

⑤一日有多至十余圈者：书局本作"一日有多至十余者"。

⑥癸未：指1583年。

⑦辈：代，辈分。这里指性空这一辈分的法师。

【解读】

我每做一件善的事情，能随时拿笔记下来。你母亲不会写字，每当做一件善事，就用鹅毛管沾上朱砂，在历书上印一个红圈圈。有时布施食物给穷人,有时买活物来放生等等,一天多的时候能盖十余个红圈圈。到了癸未年的八月份,三千件善事就已经做圆满了。于是,就再礼请性空法师等上人,在家里做了回向。

(三)

九月十三日,复起求进士愿①,许行善事一万条。丙戌②登第,授宝坻知县③。

余置④空格一册,名曰《治心编》⑤。晨起坐堂⑥,家人携付⑦门役⑧,置案⑨上,所行善恶,纤悉必记。夜则设桌于庭,效赵阅道⑩焚香告帝。

【注释】

①复起求进士愿:觉本、书局本作"复起求中进士愿"。

②丙戌:指1586年。

③授宝坻知县:派往宝坻任知县。授:任命,派任。宝坻:原属河北省,今属天津市所辖区,即天津市宝坻区。

先生于万历十六年(1588)授宝坻知县。一说先生进士及第的当年就被授予宝坻知县,误。

明代科举考试在中进士后并不直接授官,而是实行"观政进士"制度,即相当于现在干部的"试用实习期"。要先到中央的文职行政机构"九卿衙门"中,观察政事,"练习政务",一段时间之后再授予实职。

嘉庆《嘉善县志》记载:了凡先生"至丙戌始第……甫释褐(刚

脱去平民衣服，喻始任官），奉都御史制，清核苏松钱粮。黄上《赋役议》，又请减额外加征米银十余条。豪猾以不便，已为浮言，阻格不行"。也就是说先生在考中进士后，随都察院赵用贤，来到江南清核钱粮赋役。江南财赋甲天下，苏松杭嘉湖赋税繁重，民生困苦。如当时的嘉善县粮赋亩税极重，有"善邑粮赋之重甲于全国"之说。先生竭心示民之苦，力求减民之负。明末钱谦益在《牧斋初学集》中说"进士袁黄商榷四十七昼夜，条陈十四事"，提出了减少当地额外加征粮银的十余条建议，但受到了豪绅的阻挠，最后"阻格不行"。中国著名历史学家、明清史专家孟森先生对此评价说："了凡能悉南中利弊，而为清流所倚重矣。"

④置：前者作"准备"解，后者作"放置"解。

⑤《治心编》：书局本作《治心篇》。

⑥坐堂：旧时指官吏在官署厅堂上问事判案，因坐于厅堂而得名。当年医圣张仲景任长沙太守时，在长沙大堂公开坐堂应诊，从而首创名医坐大堂的先例，以后医生在中医药店应诊等，也称之为"坐堂"。

⑦携（xié）付：带出交付。

⑧门役：看门的衙役。《三国演义》第二回："玄德几番自往求免，俱被门役阻住，不肯放参。"

⑨案：桌子。

⑩赵阅道：名抃（biàn），字阅道，号知非子，衢州西安（今浙江省衢州市柯城区信安街道沙湾村）人，景祐进士，北宋名臣，著有《赵清献公集》。其在朝做官，刚直敢言，不避权势，时称"铁面御史"，声震京师；其出任地方，为官清廉简易，任成都转运使时，匹马入蜀，以一琴一鹤自随；其为人也，忠厚淳朴，善良温和，喜怒不形于色，平生不治家产，不养歌伎，帮兄弟之女十余人、其他孤女二十余人办嫁妆，抚恤孤寡贫寒之事不可胜数，史称"长厚清修，人不见其喜愠"。赵公特别善于内省，《宋史·赵抃传》记载："日所为事，入夜必衣冠露香以告于天。不可告，则不

敢为也。"

【解读】

九月十三日，我再次发起祈求考中进士的心愿，许下做善事一万件。到了丙戌年，我就考上了进士，后来被任命为宝坻知县。

我准备了一个画有空格的册子，取名为《治心编》。每天早晨起来去公堂问事判案的时候，就让家人拿出来交给门役，放在公堂的桌子上，凡是所做过的好事坏事，无论大小，都一定毫无遗漏地全部记录在上面。每每到了晚上，就在庭院里摆上张桌子，模仿赵阅道焚香祷告天帝。

汝母见所行不多，辄颦蹙①曰："我前在家，相助为善，故三千之数得完。今许一万，衙中无事可行，何时得圆满乎？"

夜间偶梦见一神人，余言善事难完之故。

神曰："只减粮②一节③，万行俱完矣。"

盖④宝坻之田每亩二分三厘七毫，余为区处⑤，减至一分四厘六毫。委⑥有此事，心颇惊疑！

【注释】

①颦蹙（pín cù）：皱眉蹙额，形容忧愁。

②减粮：减少老百姓的土地税（田赋）。田赋指按田亩征收的赋税，是旧时中国历代政府对拥有土地者所课征的土地税，是国家财政收

入的最基本、最主要来源。明代的田赋，最初征收米、麦等实物，自正统年间以后，开始把实物换算成银两来征收。

③节：事项。

④盖：连词。表示说明原因并带有点测度的意味。

⑤区处：处理，筹划安排。

⑥委：确实。

【解读】

你母亲发现做的善事不多，就时常皱着眉头说："我以前在老家的时候，还能够经常帮你做些善事，所以那三千件善事才得以圆满。如今你许下了一万件善事，可是在衙门里面又没有什么善事可做，要到什么时候才能做圆满呢？"

一天夜里睡觉，忽然梦见一尊神人，我就将那一万件善事难以圆满的原因告诉了他。

尊神说："且不说别的，仅仅就你给老百姓减免田赋这件事来说，那一万件善事就已经全部圆满了。"

原来宝坻县的田赋是每亩收银二分三厘七毫，我觉得太重了，就对此进行了筹划处理，减少到每亩收银一分四厘六毫。确确实实是有这档子事，但心里还是感到十分惊讶和疑惑。

适①幻余禅师②自五台③来，余以梦告之，且问此事宜信否。

师曰："善心真切，即一行可当万善。况合县减粮，万民受福乎？"

吾即捐俸银^④，请其就五台山斋僧^⑤一万而回向之。

【注释】

①适：恰好。

②幻余禅师：据《嘉兴藏·刻藏缘起》以及万历《嘉善县志》记载，万历元年（1573）幻余禅师曾与袁公了凡习静于魏塘塔院（大胜寺），是袁公倡刻方册《嘉兴藏》的第一响应者，并在万历十七年（1589）创刻于山西五台山，后幻余禅师归寂魏塘大胜寺。

③五台：佛教四大名山之一，文殊菩萨道场，又名清凉山，位于山西省五台县东北隅。因五峰耸立，高出云表，犹如垒土之台，故名五台。

④俸银：俸禄，薪资，工资。

⑤斋僧：设斋食供养僧众。最初原意在于表明信心、皈依，后渐融入祝贺、报恩、追善之义趣，以是表达对三宝的恭敬供养，可得无量功德。我国唐代斋僧法会极为盛行，曾举行过万僧斋。斋僧之法，以敬为宗，并依僧次延迎，不得妄生轻重。

【解读】

这个时候，正巧幻余禅师从五台山来了，我就把这个梦禀告给了禅师，并请教禅师这件事是否可以相信。

禅师说："如果行善之心真诚恳切，那么就算只做一件善事，也可以顶上一万件善事。更何况你是给全县减免田赋，让成千上万的老百姓都得到了恩惠呢？"

我立即捐出俸禄，请幻余禅师在五台山代我设斋供养一万个出家人，并且做了回向。

圣贤之教第六

（一）

孔公算予五十三岁有厄^①，余未尝祈寿，是岁竟无恙^②，今六十九矣。

《书》曰："天难谌，命靡常。^③"又云："惟命不于常^④。"皆非诳语。

吾于是而知：凡称祸福自己求之者，乃圣贤之言；若谓祸福惟天所命，则世俗之论矣。

【注释】

①厄（è）：穷困，灾难。

②无恙：平安无事。

③天难谌（chén），命靡常：出自《尚书·咸有一德》，意思是天道难以捉摸，命运变化不定。谌：相信。靡：无。

④惟命不于常：出自《尚书·康诰》，意思是命运不是永恒不变的。惟：句首语气助词。

【解读】

孔先生算我五十三岁那年就应该命终，我从未祈求过长寿，结果这年竟安然无恙地度过了，如今已经六十九岁了。

《尚书》上说："天道难以捉摸，命运变化无常。"又说："命运并非永恒不变。"我们古圣先贤的这些话的意思是说，命运其实就掌握在自己手中，就在自己的脚下，是完全可以改造的。这些都是真理，绝对不是骗人的假话。

我从此才算是真正明白了这样的一个道理：凡是说吉凶祸福都是自作自受的，就是圣贤的言教；如果说吉凶祸福只是上天注定而不可改变的，那就是一般世俗的论调了。

（二）

汝之命，未知若何①？即命当荣显②，常作落寞③想；即时当顺利，常作拂逆④想；即眼前足食，常作贫窭⑤想；即人相爱敬，常作恐惧想；即家世望重，常作卑下想；即学问颇优，常作浅陋想。

【注释】

①若何：怎样，怎么样。
②荣显：荣华富贵。显：有名望地位。
③落寞：寂寞，冷落。此处是不得志的意思。
④拂（fú）逆：违背，不顺。此处是不称心如意的意思。
⑤贫窭（jù）：贫穷。

【解读】

你的命运，不知道将来会是怎么样？即使是命里应当荣华富贵，你也要常常当作是不得志来想；即使是一时碰到亨通顺利，你也要常常当作是不称心如意来想；即使眼前丰衣足食，你也要常常当成贫穷艰苦来想；即使深受他人爱戴和尊敬，你也要小心谨慎常怀敬畏来想；即使是家族世代名高望重，你也要常常作身份低微卑下来想；即使是学问很优秀，你也要常常当成还很浅薄粗陋来想。

远思扬祖宗之德①，**近思盖**②**父母之愆**③；**上思报国之恩，下思造**④**家之福；外思济人之急，内思闲**⑤**己之邪。**

【注释】

①远思扬祖宗之德：书局本作"远思扬德"。

②盖：掩盖，遮蔽。这里不仅有掩盖的意思，还包括着弥补。

③愆（qiān）：过失，差错，罪过。

④造：创建。一说谋求，不确。《三国志·魏书·刘晔传》："是以成汤、文、武，实造商、周。"

⑤闲：限制，防止。《周易·乾卦》："闲邪存其诚。"

【解读】

从长远意义上讲，应当想着继承和发扬光大祖宗的美德；就近处而言，应当想着如何掩盖并且弥补父母的过失；对上来说，应当想着报答国家社会栽培和护佑的恩德；对下而言，应当想着创建家庭乃至整个家族的幸福；对外来说，应当想着救人之急；对内而言，应当想着防止自己的邪念邪行。

（三）

务要日日知非，日日改过。一日不知非，即一日安于自是①；一日无过可改，即一日无步可进。天下聪明俊秀②不少，所以德不加修，业不加广③者，只为"因循④"二字，耽阁⑤一生。

【注释】

①自是：自以为是。

②俊秀：才智出众的人。《孟子·公孙丑上》："尊贤使能，俊杰在位。"

③业不加广：此处是事业没有做好的意思。业：所做之事。广，扩大。

④因循：沿袭，守旧。意思是沿袭于过去的习气，而不知改变。即马马虎虎，得过且过，不认真力行的意思。

⑤耽阁：耽搁，耽误。

【解读】

你务必每天要好好自我反省，来发现自己的过错，并且每天都要加以改正。如果一天不知道自己的过错，这一天就会满足于现状，而自以为没有过失；一天觉得自己没有过错可改，自己一天就会没有进步可言。天下有聪明才智的优秀人才很多，他们之所以在德行修养上没有得以提高，在事业方面也没有发展起来，就是因为在"因循"这两个字上，耽误了自己的终生啊！

（四）

云谷禅师所授立命之说，乃至精至邃^①至真至正之理，其^②熟玩^③而勉行之，毋^④自旷^⑤也！

【注释】

①邃（suì）：深远。

②其：祈使副词。译为"可要""当"。《左传·成公十六年》："子其勉之！"

③熟玩：反复学习，认真钻研。熟：反复，熟练。玩：研习，玩味，仔细体会。

④毋（wú）：不，不要。

⑤旷：荒废。《吕氏春秋·无义》："以义动，则无旷事矣。"

【解读】

云谷禅师所传授的安身立命的学问，实在是最为精辟、最为深远、最为真实、最为纯正的真理，你可要反复学习、认真钻研，并努力践行，千万不要荒废了自己的大好青春啊！

第二篇　改过之法

至诚如神第七

春秋①诸大夫②，见人言动，亿③而谈其祸福，靡不验者。《左》《国》④诸记可观也。

【注释】

①春秋：是中国历史上东周前半期历史阶段。自公元前770年至公元前476年这段历史时期，史称"春秋时期"。

鲁国史官把当时各国报导的重大事件，按年、季、月、日记录下来，一年分春、夏、秋、冬四季，简括起来就把这部编年史称为"春秋"。孔子依据鲁国史官所编《春秋》加以整理修订，成为儒家经典之一。《春秋》记录了从鲁隐公元年（前722年）到鲁哀公十四年（前481年）共242年的大事。由于它所记历史事实的起止年代，大体上与一个客观的历史发展时期相当，所以历代史学家便把《春秋》这个书名作为这个历史时期的名称。为了叙事方便，春秋时期开始于公元前770年（周平王元年）周平王东迁东周开始的一年，止于公元前476年（周敬王四十四年）战国前夕，总共295年。

②大夫：官爵名。西周与春秋时期由诸侯所分封的贵族为大夫，其封地世袭，封地内的行政由其掌管。此处是指贤明的大夫。

③亿：意料，猜测。《论语·先进》："赐不受命，而货殖焉，亿则屡中。"

④《左》《国》：《左传》《国语》。《左传》是《春秋左氏传》的简称，原名为《左氏春秋》，汉朝时又名《春秋左氏》《春秋内传》，汉朝以后才多称《左传》。《左传》相传是春秋末年鲁国的左丘明为《春秋》做注解的一部史书，与《公羊传》《谷梁传》合称"春秋三传"，是我国第一部形式完备的编年体史书，记述范围从公元前722年（鲁隐公元年）至公元前468年（鲁哀公二十七年），凡三十五卷。《国语》又名《春秋外传》或《左氏外传》，相传也是春秋末年鲁国的左丘明所撰，是我国最早的一部国别体史书，凡二十一卷（篇）。记事时间，上自西周中期，下迄春秋战国之交，前后约五百年。相较《左传》，《国语》所记事件大都不相连属，且偏重记言，往往通过言论反映事实。

【解读】

春秋时期有很多贤明的大夫，学识渊博，阅历丰富，坚守至诚之道，明辨是非善恶，因此仅仅凭着观察一个人的言语举止，就能推测出这个人的吉凶祸福，而且没有不灵验的。这些事情在《左传》《国语》等诸多典籍中都有记载，是可以查阅到的。

大都吉凶之兆①，萌②乎心而动乎四体③。其过于厚④者常获福，过于薄⑤者常近祸。俗眼多翳⑥，谓有未定而不可测者。

至诚合天。福之将至，观其善而必先知之矣；祸之将至，观其不善而必先知之矣⑦。

今欲获福而远祸，未论行善，先须改过。

【注释】

①兆：预兆，征兆。指事情未发之前，预先显露出来的吉凶现象。

②萌：草木发芽，比喻开始发生。

③四体：即四肢。指行为。

④厚：忠厚，厚道。《论语·学而》："慎终追远，民德归厚矣。"

⑤薄：轻薄，不厚道。《汉书·公孙弘传》："今世之吏邪，故其民薄。"

⑥翳（yì）：眼球上长的膜。这里比喻目光短浅，看不清楚。

⑦至诚合天……必先知之矣：至诚：真诚到了极点。合：符合。天：自然法则，即天道。是言可作二解，标点亦有所异。

一者："至诚合天，福之将至，观其善而必先知之矣；祸之将至，观其不善而必先知之矣。"

意思是：一个积德行善的厚道人，拥有一颗至诚之心，而人的至诚之心是与天道相感通的。因此，积德行善的厚道人，自然就能得到上天的福佑了。否则，上天是不会保佑他的。所以，一个人的福报将要降临的时候，我们观察他的善行就一定会预先知道；一个人的灾祸将要来临的时候，我们观察他的恶行也一定可以预先知道的。

因为真诚是上天的最高准则，一个真诚的人就能与天道（大自然的力量）感通，就会得到上天（大自然）的福佑！而人要做到真诚，与天道感通，唯一的选择途径是积德行善，并且要持之以恒，毫不懈怠。

因此，太上曰："故吉人语善、视善、行善，一日有三善，三年天必降之福。"（《太上感应篇》）

因此，孔子曰："诚者，天之道也；诚之者，人之道也……诚之者，择善而固执之者也。"（《孔子家语·哀公问政》）

因此，《中庸》亦云："诚身有道，不明乎善，不诚乎身矣。"

因此，俗话说："人有善念，天必佑之。"

如是，都是说明善言、善事、善心皆是通向真诚的道路，皆与天道感通，自然就会得上天之福佑也。大圣大贤所见略同。

二者："至诚合天。福之将至，观其善而必先知之矣；祸之将至，观其不善而必先知之矣。"

意思是：至诚之心，合乎天道，能够清楚是非善恶，犹如神明，可以预知未来的事情。因此一个人的福报将要降临的时候，观察他的善行就一定会预先知道；一个人的灾祸将要来临的时候，观察其恶行也一定可以预先知道的。

可参《中庸》："至诚之道，可以前知。国家将兴，必有祯祥；国家将亡，必有妖孽。见乎蓍龟，动乎四肢。祸福将至：善，必先知之；不善，必先知之。故至诚如神。"

二解皆通，今从后者。

【解读】

大多数的时候，一个人吉凶祸福的征兆，先是萌发于心，然后表现在行为上。凡是那些积德行善的厚道人就会常常获得福报，而那些不积德行善，不怎么厚道的人就会常常招灾惹祸。一般世俗之人，学问不深，目光短浅，心地不够真诚，不分是非善恶，没有识人之明，认为吉凶祸福不确定，并且是不可预测的。

可是那至诚之心，合乎天道，明辨善恶邪正，犹如神明，是能够预知未来事情的。因此，当一个人的福报将要降临的时候，只要看他的善行就一定会预先知道；一个人的灾祸将要来临的时候，只要看他的过恶也一定可以预先知道的。

现在如果想要获得福报而远离灾祸，在没有谈行善之前，首先必须要改掉自己的过恶。

发心改过第八

（一）

但改过者，第一要发耻心。

思古之圣贤，与我同为丈夫①，彼何以百世可师②？我何以一身瓦裂③？

耽染④尘情⑤，私行不义，谓人不知，傲然无愧，将日沦于禽兽而不自知矣！世之可羞可耻者，莫大乎此！

孟子曰："耻之于人大矣⑥。"

以其得之则圣贤，失之则禽兽耳。

此改过之要机⑦也！

【注释】

①丈夫：此处指男子汉。

②师：学习的榜样。

③瓦裂：像瓦片一般碎裂，一文不值。比喻分裂或崩溃破败。明代宋濂《题顾主簿上萧侍御书后》："立身一败，万事瓦裂。"

④耽染：沉溺沾染。

⑤尘情：凡心俗情。

⑥耻之于人大矣：出自《孟子·尽心上》："耻之于人大矣。为机变之巧者无所用耻焉，不耻不若人，何若人有？"

⑦要机：要旨，重要诀窍。明代唐顺之《廷试策一道》："臣伏读陛下敬一之箴，则于尧、舜、禹、汤、文、武之心法，而为知人安民之要机者，固自有在矣。"

【解读】

只要是想着改正自己的错误过失，第一就要发出羞耻之心。

想想古代的那些大圣大贤，和我同样都是七尺男子汉，他们凭什么能够成为千秋万代师法学习的楷模？我为什么就搞得自己像裂瓦那样一文不值甚至是声名狼藉呢？

这都是由于整天沉溺沾染在世俗的感情世界里，暗地里全做些不仁不义见不得人的勾当，还自以为没人知道，恬不知耻傲气十足，仰头挺胸，目空一切，毫无任何愧疚，日渐沦落为衣冠禽兽自己却一点都不知道呀！世上最为可羞、最为可耻的事情，没有比这更大的了。

孟子说："羞耻之心对于人来说至关重要。"

因为有了羞耻之心，就会成圣成贤；失掉羞耻之心，就会堕落为禽兽。

这是改正错误过失的重要诀窍啊！

（二）

第二要发畏①心。

天地在上，鬼神难欺。吾虽过在隐微②，而天地鬼神，实鉴临③之。重则降之百殃④，轻则损其现福。

吾何可以不惧？

【注释】

①畏：畏惧。这里含有敬畏之意。

②隐微：隐蔽不显露。

③鉴临：审查，监视，如明镜照临。鉴：镜子，此处指看得清楚。

④百殃：很多灾祸。殃：灾祸、祸害。

【解读】

第二要发出畏惧之心。

须知天地在上，鬼神是难以欺骗的。我犯的过错即使很隐蔽，可是那天地鬼神却也会看得一清二楚，实际上就像用明镜照着一样。如果犯得严重，就必定会降下很多灾祸；如果犯得轻，就必定会减损现前的福报。

我怎么可以不畏惧害怕呢？

不惟是也①。

闲居^②之地，指视^③昭然^④。吾虽掩之甚密，文^⑤之甚巧，而肺肝^⑥早露，终难自欺。被人觑^⑦破，不值一文矣。

乌^⑧得不懍懍^⑨？

【注释】

①不惟是也：书局本作"不惟此也"。惟：只。

②闲居：避人独居。东晋陶渊明《辛丑岁七月赴假还江陵夜行涂口》诗："闲居三十载，遂与尘事冥。"

③指视：这里是手指着看的意思。《礼记·大学》："十目所视，十手所指。"清代蒲松龄《聊斋志异·白秋练》："暂请分手，天明则千人指视矣。"

④昭然：明显、显著的样子。

⑤文：修饰，掩饰。《论语·子张》："小人之过也必文。"

⑥肺肝：此处指心中的想法念头。

⑦觑（qù）：泛指看。

⑧乌：疑问代词，同"何"。

⑨懍懍：畏惧不安的样子。《尚书·泰誓中》："百姓懍懍，若崩厥角。"

【解读】

不仅仅是这些啊。

在自己独居乃至是很隐秘的地方，天地神明也看得清清楚楚，明明白白。我即使掩盖得很严实，修饰得也很巧妙，可是就连那五脏六腑，都早已暴露在光天化日之下了，到头来还是难以自我欺瞒。如果一旦会被人看破，那可就更是一文不值了。

我怎么能够不心存敬畏呢？

不惟是也。

一息①尚存，弥天②之恶，犹可悔改。古人有一生作恶，临死悔悟，发一善念，遂得善终者。谓一念猛厉③，足以涤④百年⑤之恶也。譬如千年幽谷，一灯才照，则千年之暗俱除。

故过不论久近，惟以改为贵。

但尘世⑥无常，肉身易殒⑦，一息不属⑧，欲改无由⑨矣。明⑩则千百年担负恶名，虽孝子慈孙，不能洗涤；幽则千百劫⑪沉沦狱报，虽圣贤佛菩萨，不能援引⑫。

乌得不畏？

【注释】

①一息：此处指一口气。

②弥天：指满天，极言其大。

③猛厉：犹猛烈。气势盛，力量大。

④涤：洗刷。

⑤百年：指一生。

⑥尘世：佛门指人世间，现实世界，即人间或者俗世的意思。唐代元稹《度门寺》诗："心源虽了了，尘世苦憧憧。"

⑦殒（yǔn）：死亡，丧身。西汉司马迁《史记·汉兴以来诸侯王年表》："殒身亡国。"

⑧一息不属：咽气死亡的意思。属：隶属，归属。

⑨无由：没有门径，没有办法。《仪礼·士相见礼》："某也愿见，无由达。"郑玄注："无由达，言久无因缘以自达也。"

⑩明：这里是阳间的意思，与下文"幽"相对。

⑪劫：梵语"劫波"（或"劫簸"）的略称。意为极久远的时间，通常年月日所不能计算的极长时间。世界经历若干万年毁灭一次，重新再开始，这样一个周期叫做一"劫"，有大劫、中劫、小劫之分。

⑫援引：救助，接引。此处指超度救拔脱离苦难，即佛门所谓的"超拔"。

【解读】

也不只是这些。

如果一个人只要还有一口气，哪怕就是犯了滔天大罪，也还是可以悔改的。古时候有人一生作恶多端，到临死的时候却突然后悔觉悟了，真诚萌发出一个善念，于是就得到了善终的果报。这是说一个猛烈的善的念头，就足以洗去终生的恶行。好像千年幽深黑暗的山谷，只要拿一盏灯火一照，那千年来的幽暗就一下子全部被驱除了。

因此而言，不论是新错还是旧恶，只有能够改过来，才是最为可贵的。

只是我们这个世间，人生无常，生命危脆，肉身很容易死亡，一旦哪一天一口气上不来，就是想要悔改也没有办法了。如果人到了这地步，那么在阳间的报应是千百年来背负着恶名，即使有孝子贤孙，也没有办法帮他洗刷干净；在阴间的报应是百千万劫堕落在地狱中,受那苦不堪言的煎熬,即使是大圣大贤以及诸佛菩萨都来了,也救不了他。

面对这些,又怎么能不令人害怕呢?

(三)

第三须发勇心。

人不改过,多是因循退缩。吾须奋然振作,不用迟疑,不烦^①等待。小者如芒刺在肉,速与抉剔^②;大者如毒蛇啮^③指,速与斩除,无丝毫凝滞^④!

此风雷之所以为益也^⑤。

【注释】

①烦:劳烦。一说犹豫不决,一说不急躁,皆不确。

②抉剔:搜求挑取。

③啮(niè):咬。

④凝滞:拘泥,凝结,停滞不行。此处是停顿的意思。

⑤此风雷之所以为益也:这就是风雷之所以形成"益卦"的道理。意思是改过要果决刚毅,猛烈迅速,以迅雷不及掩耳之势。当然,不但改过,行善亦复如是。《周易·益卦》:"《象》曰:风雷,益。君子以见善则迁,有过则改。"意思是《象传》说:风雷交助,象征增益。君子因此看见善行就倾心向往,有了过错就迅速改正。益卦的构成是下卦震为雷,上卦巽为风。《周易程氏传》阐释道:"风烈则雷迅,雷急则风怒,二物相益者也。"《王注》曰:"迁善改过,益莫大焉。"

君子观察"益卦"之自然现象，能够迁善改过，互相增益，修己之德，善莫大焉。大道至简至易而不易也。

【解读】

第三，必须要发起勇猛改过之心。

一般人之所以不能改正自己的过错，大都是因为得过且过、懒散拖拉和畏难发愁而退缩造成的。我们一旦发现了自己的过错，就要立即振作精神，痛下决心马上努力改正过来。不可以迟疑而犹豫不决，更不应当不敢下定决心而拖拉等待。如果犯了小的过错，就像是肉里扎上了芒草的针刺，要赶快搜取挑除；如果是大的过错，就像是被毒蛇咬着了手指一样，要立马把指头斩断，不得有丝毫的停顿，否则就会危及生命。

不但改掉毛病过错要果决刚毅，以迅雷不及掩耳之势，行善亦复如是。这就是用风雷之所以形成"益卦"的自然现象，来证明一个人能够"迁善改过，其利最大"的大道理啊。

（四）

具是三心，则有过斯①改。如春冰遇日，何患②不消乎？

【注释】

①斯：连词。那么，就。

②患：担忧，忧虑。

【解读】

我们如果具备了羞耻、畏惧、勇猛这三心，有过错就必定能够得以改正。这就如同春天的冰遇到了太阳，还担心不能化解吗?

三管齐下第九

（一）

然人之过，有从事上改①者，有从理上改②者，有从心上改③者。工夫不同④，效验⑤亦异。

【注释】

①从事上改：意思是从所犯错事的本身改正，即就错改错。

②从理上改：意思是从道理的认知方面改正，即先把道理搞明白。

③从心上改：意思是从自己的心地上来改正。

④工夫不同：此处指所用的方式方法以及付出的努力不同。工夫：工力，素养。唐代韩偓《商山道中》诗："云横峭壁水平铺，渡口人家日欲晡。却忆往年看粉本，始知名画有工夫。"

⑤效验：成效，效果。东汉应劭《风俗通义·怪神·鲍君神》："怪其如是，大以为神，转相告语，治病求福，多有效验。"

【解读】

然而，人们对于自己所犯的过错，有从所犯过错的事实本身来改的，有从认识其中的道理上来改的，也有直接从心地上下手改的。改过的方式方法及其所付出的努力不同，效果也是不一样的。

（二）

如前日杀生，今戒不杀；前日怒詈①，今戒不怒。此就其事而改之者也。

强②制③于外，其难百倍，且病根终在，东灭西生。非究竟廓然④之道也。

【注释】

①詈（lì）：骂，责骂。

②强：勉强。

③制：控制，约束。

④廓（kuò）然：指彻底根除。本义是阻滞尽除貌。唐代张九龄《请御注经内外传授状》："微言奥旨，廓然昭畅。"

【解读】

例如以前杀生，从现在开始戒除，不再杀生了；以前好发火骂人，从现在开始戒除，不再发火骂人了。诸如此类，这就是从所犯过错的事情本身来加以改正的方法。

　　然而，这种方法是从外表强迫而控制约束自己，治标不治本，有百倍的难度。况且那犯错的病根还始终存在，刚勉勉强强改正了东边的错误，不料西边的却又冒了出来。因此而说，这实在不是个究竟彻底根除过错的好办法。

（三）

　　善改过者，未禁其事①，先明其理。

【注释】

　　①未禁其事：意思指没有禁止去做某种事之前。一说没有在事情本身上改正之前，一说不是从事实本身上改，皆不确。

【解读】

　　善于改错的人，在还没有禁止他去做某种事之前，他就会先去弄明白不可以那样做的道理。

　　如过在杀生，即思曰：上帝①好生，物皆恋②命，杀彼养己，岂能自安？且彼之杀也，既受屠割，复入鼎镬③，种种痛苦，彻入骨髓！己之养也，珍膏④罗列，食过即空。疏⑤食菜羹，尽可充腹，何必戕⑥彼之生，损己之福哉？

【注释】

①上帝：上天。

②恋：爱惜。

③鼎镬（huò）：泛指锅。鼎和镬是古代两种烹饪器具。鼎有三足，是古代烹饪的器具；镬似鼎而无足，是古代烧煮食物的锅具，现在有的地方还称锅子叫镬。古代曾有一种酷刑，把人放在鼎镬活活煮死。南宋文天祥《正气歌》："鼎镬甘如饴，求之不可得。"

④珍膏：这里是指珍贵肥美的食物。珍：珍味或者精美的食物。膏：肥美。

⑤疏：通"蔬"，蔬菜。《汉书·地理志》："疏食果实。"

⑥戕（qiāng）：残杀，杀害。

【解读】

譬如说有杀生的过错，就应当扪心自问：上天有好生之德，世间所有的动物也都爱惜着自己的生命。如果杀害它们来滋养自己，那良心上怎么就能受得了呢？况且它们被宰杀的时候，既要承受那千刀万割的屠宰残杀之痛，又要再去饱受那千滚万煮的油煎水煮之苦。千痛万苦，彻入骨髓！为了滋养自己，将各类珍贵肥美的东西在眼前摆得满满的来大吃大喝，可是吃过之后一切也都化为乌有。想一想，其实那些蔬菜和五谷杂粮，素食菜汤，完全能够果腹充饥。为什么一定要残忍地杀害它们，来损害自己的福报呢？

又思血气①之属②，皆含灵知③。既有灵知，皆我一体④。

纵不能躬修至德，使之尊我、亲我，岂可日戕物命，使之仇我、憾⑤我于无穷也？

【注释】

①血气：指有血有气息的生命体。《礼记·三年问》："凡生天地之间者，有血气之属，必有知；有知之属，莫不知爱其类。"

②属：类。

③灵知：指众生本具的灵明觉悟之性，也称灵识、含灵等。东晋支遁《咏八日诗》之一："交养卫恬和，灵知溜性命。"

④皆我一体：一般可以理解为都和我们人类有着一样身体的意思。然而，是语含义深邃，境界颇高，不可思议。其真实之义应为："都和我是一个身体。"世界万物的灵知是无二无别的，故曰："十方三世佛，共同一法身。"华严家云："唯心所现，唯识所变。"宇宙人生如此而已。

⑤憾：怨恨，失望，不满意。

【解读】

再去想一想，凡是那些有血有气息之类的生命，都是有灵知的。既然它们是有灵知的，就和我有着一样的血肉之躯。我纵然不能修养成至善至美的品德，让它们来尊敬我、亲近我，但是我又怎么能够天天去残害它们的生命，从而结下深仇大怨，致使它们永无休止地仇视我、怨恨我呢？

一思及此，将有对食伤心①，不能下咽者矣。

【注释】

①将有对食伤心：书局本作"将有对食痛心"。

【解读】

一想到这些道理，每当面对那些血肉之食时，自然就会生出慈悲怜悯的心来，从而深感伤痛，不再忍心吃下去了。

如前日好怒，必思曰：人有不及，情所宜矜^①，悖理相干，于我何与^②？本无可怒者。

又思，天下无自是^③之豪杰，亦无尤^④人之学问。行有不得^⑤，皆己之德未修，感未至也。

吾悉以自反^⑥，则谤毁之来，皆磨炼玉成^⑦之地。我将欢然受赐，何怒之有？

【注释】

①矜（jīn）：同情，怜悯。

②悖理相干，于我何与：此言有二解，一者是：若是有人违反情理而来冒犯我，那是他的过失，跟我有什么关联呢？二者是：如果违背这一常理，相互斗气，对我来说又有什么好处呢？

悖理：违背常理。悖，违背。

相干：前者解释为来冒犯；后者解释为互相干扰，互相冒犯。干：冒犯。《文子·下德》："工无异伎，士无兼官，各守其职，不得相干。"

与：前者解释为因为参入其间而产生了关联；后者是赞许，引申为帮助、好处。

二者皆通，今从后者。

③自是：自以为是。

④尤：抱怨，指责。

⑤行有不得：书局本作"有不得"。《孟子·离娄上》："爱人不亲，反其仁；治人不治，反其智；礼人不答，反其敬。行有不得者，皆反求诸己。"

⑥自反：自我反省，这里还含有悔改的意思。

⑦玉成：成全，促成。明代何景明《石斋歌》："海内完名已玉成，平生贞志同金断。"

【解读】

再如，以前自己动不动就好生气发火（喜欢发脾气），现在务必要这样考虑考虑：人都有缺点短处，从情理上来说是应该给予谅解和同情的。如果违背这一常理，相互斗气，对我来说又有什么好处呢？这本来就没有什么可生气发火的。

又想，天下并没有自以为是的英雄豪杰，也没有专门使人心生抱怨的学问。如果人生有什么不能称心如意的，完全是因为自己的德行修养还不行，不能感化的结果啊。

我应该全面地反省自己，那些诽谤和诋毁，都是为了成全自己幸福美满人生的磨炼和考验。因此，我应当要心存感恩，欢喜接受如是恩赐。这又有什么好生气发火的呢？

又闻谤而不怒①。虽谗焰②熏天，如举火焚空，终将自息。闻谤而怒，虽巧心力辩，如春蚕作茧，自取缠绵③。

【注释】

①又闻谤而不怒：书局本作"又闻而不怒"。

②焰：比喻气势。一说烈火，不确。

③缠绵：缠绕，束缚。此处指纠缠不已，不能解脱。

【解读】

进一步想想，自己听到诽谤的话就更不能生气发火了。就算是那些诽谤的坏话，气势犹如烈火熏天，也不过是像愚痴之人举着火把要烧天空一样，到头来那火自然会熄灭的。如果听到诽谤就生气发火，即便是费尽心机很巧妙地为自己努力辩护，也不过如春蚕作茧，只能是自取其缚，而不会解脱的。

怒不惟无益，且有害也。

【解读】

由此可见，生气发火不仅对自己没有好处，反而还很有害处呢。

其余种种过恶，皆当据理思之。此理既明，过将自止。

【解读】

至于其他的那些种种过错和恶行，都应当依据正确的道理来认真思考。这些道理弄明白了，那些过错和恶行自然就会消失了。

（四）

何谓从心而改？

过有千端^①，惟心所造。吾心不动，过安从生？

学者^②于好色、好名、好货^③、好怒种种诸过，不必逐类寻求，但当一心为善，正念^④现前，邪念自然^⑤污染不上。如太阳当空，魍魉^⑥潜消^⑦。

——此精一^⑧之真传也！

过由心造，亦由心改。如斩毒树，直断其根，奚必枝枝而伐，叶叶而摘哉？

【注释】

①端：头绪，种类。

②学者：这里指求学问的一般读书人，即学人。佛门所谓的"学人"通常是指已经证得入流等三种道果的圣者和一般学佛向善之人，因为无论是圣者还是凡夫，都还必须继续修学戒定慧三学，故为学人。《律注》："凡夫之善者以及七种圣者，以应学三学，故为学人。"

③货：钱财。

④正念：正知正见。正念相对邪念而言，邪念就是错误的思想、见解、行为。正念是我们本来就应该具有的，因为迷失了，所以才被那些邪念所污染。邪念本来自然就不属于我们，如果我们还本自然，邪念就会自然没有了。所以说"正念现前，邪念自然污染不上"。

⑤自然：自然而然。《大乘起信论》曰："本觉本有，不觉本无。"先生用心何其良苦，先生用笔何其精道也！学人诸君当自珍惜，当自沉潜往复，从容含玩矣。

⑥魍魉（wǎng liǎng）：古代神话传说中的山川精怪。一说为疫神，乃颛顼之子所化；也有称影子为魍魉的。此处指妖怪。

⑦潜消：这里是悄悄地消失的意思。本义是暗中清除。唐代元稹《崔弘礼郑州刺史制》："春秋时郑多良士，是以师子大叔之政，而群盗之气潜消。"

⑧精一：精粹纯一，精诚专一。《尚书·大禹谟》："人心惟危，道心惟微，惟精惟一，允执厥中。"大致的意思是：人心自私危险，道心幽昧微明，只有精诚专一，诚信地遵守中道。此乃尧舜以来的圣王，代代相传的心法，誉之为"中华薪传十六字心法"，简称"中华心法"。

【解读】

什么是从心地上来改错呢？

人的过错虽有千千万万种，但其根源都在于人的内心世界。我如果不起心动念，那过错又会从哪里发生呢？

学人们对于那些爱好美色、喜得浮名、贪图财物、喜欢发怒诸类过错，不必逐一检查改正。只需一心向善，正大光明的心念就会涌现出来，邪不胜正，那些邪念也就自然而然污染不上了。这就好像灿烂的太阳在空中普照，一切鬼魅魍魉就会自动悄悄消失了。

——这才是改正过错最为精诚专一的真正妙诀啊！

人的过错都是从心地上造作出来的，所以也应当从心地上下功夫来改正。好像砍毒树那样，直接砍断它的根就行了，何必一根树枝一根树枝地砍伐，一片叶子一片叶子地去摘除呢？

（五）

大抵^①最上治心，当下清净。才动即觉，觉之即无。

苟^②未能然，须明理以遣^③之。又未能然，须随事以禁之。

以上事而兼行下功，未为失策。执下而昧^④上，则拙^⑤矣。

【注释】

①大抵：大都，大致。表示总括一般情况。西汉司马迁《史记·太史公自序》："《诗》三百篇，大抵贤圣发愤之所为作也。"

②苟：连词。如果，表假设。

③遣：这里是改正的意思。原义排除。南朝任昉《出郡传舍哭范仆射》："将乖不忍别，欲以遣离情。"

④昧：愚昧，无知。引申义，不了解。唐代李商隐《赠田叟》诗："鸥鸟忘机翻浃洽，交亲得路昧平生。"

⑤拙（zhuō）：笨。

【解读】

大致来说，改错最好的办法是调伏内心，这样立刻就能够使心地清净。每当心里刚刚动了个不好的念头，马上就会觉察到，一觉察到就立刻让它消失，过错自然也就不会再发生了。

如果做不到这样，那就需要从明白事理方面来改正过错。如果还是做不到这一点，那就必须从具体的事情这方面来禁止自己犯过错了。

如果采取上等的治心功夫，并且兼顾到那两种下等的方法来约束自己的身心，改正过错，这也不失为一个好法子；如果只是顽固地执着下等的方法，却不知道用上等的，那就实在是太愚笨了。

昼夜不懈第十

（一）

顾^①发愿改过，明须良朋提醒，幽须鬼神证明^②。

【注释】

①顾：副词。在这里表示轻微的转折，相当于"而""不过"。南朝宋范晔《后汉书·马援传》："卿非刺客，顾说客耳。"

②鬼神证明：即感应，意思是需要感得鬼神的帮助。

【解读】

不过，要发愿改正过错，也得需要他人的帮助。在明显之处，必须有良师益友从旁提醒；在暗地里，还必须得有鬼神的帮助。

（二）

一心忏悔^①，昼夜不懈，经一七、二七，以至一月、二月、三月，必有效验。

或觉心神恬旷②；或觉智慧顿开；或处冗沓③而触念皆通④；或遇怨仇而回嗔作喜；或梦吐黑物⑤；或梦往圣先贤⑥，提携⑦接引⑧；或梦飞步太虚⑨；或梦幢幡⑩宝盖⑪……种种胜事，皆过消罪灭之象也⑫。

然不得执此自高，画⑬而不进。

【注释】

①忏悔：佛门用语。这里指改过。意思是认识了错误或罪过而感到痛心并决心改正。《六祖坛经·忏悔品第六》："忏者，忏其前愆。从前所有恶业，愚迷、骄诳、嫉妒等罪，悉皆尽忏，永不复起，是名为忏。悔者，悔其后过。从今以后所有恶业，愚迷、骄诳、嫉妒等罪，今已觉悟，悉皆永断，更不复作，是名为悔。"当年一代高僧章嘉大师教育学人时曾说，佛门重实质不重形式，真忏悔的意思是"后不再造"！

②恬旷：淡泊旷达。唐代白居易《昭国闲居》诗："平生尚恬旷，老大宜安适。"

③冗沓（rǒng tà）：众多繁琐乱杂的样子。冗：繁琐。沓：众多的样子。明代王阳明《传习录·答聂文蔚之二》："责付甚重，不敢遽辞。地方军务冗沓，皆舆疾从事，今却幸已平定。"

④触念皆通：碰上就能顺利解决的意思。触念：一接触到。

⑤黑物：指脏东西，即污秽。此处指身口意造作恶业而形成的污秽。

⑥往圣先贤：包括儒释道等等所有世出世间的圣贤。在佛门，称佛菩萨谓之圣贤；四果罗汉尚未见性，称"小圣"；六道以内的地狱众生、饿鬼、畜生、人、阿修罗以及二十八层天的天人皆为凡夫。

⑦提携：帮助。

⑧接引：佛门用语，意思是引导、教导，又称摄引、接化，即引导摄受之义。谓诸佛菩萨引导摄受众生，或师家教导引接弟子。就净土宗而言，"接引"是指阿弥陀佛引导众生，众生摄受弥陀佛光，而往生净土。修净土法门者，具足善根福德因缘，持名念佛，放下万缘，临命终时，阿弥陀佛必来接引往生净土。

⑨太虚：此处指太空。《庄子·知北游》："不过乎昆仑，不游乎太虚。"

⑩幢幡：道场所用的旌旗。幢是圆筒状的旗帜，幡是条形状旗子。悬幢就是通知大众有讲经说法的，所谓"法幢高竖"；悬幡是提倡共修。

⑪宝盖：珍贵珠宝所装饰的伞盖。

⑫皆过消罪灭之象也：书局本作"皆过消灭之象也"。

⑬画：限定，截止。指画地为限，意思是把自己进步的道路都断除了。《论语·雍也》："力不足者，中道而废，今女画。"

【解读】

这样以来，只要真心求忏悔，无论是白天还是晚上都毫不懈怠，那么经过七天或者十四天，一直到一个月、两个月、三个月后，必定就会产生效果。

如果达到了这个阶段，或者感觉自己心胸开朗，神清气爽；或者觉得智慧增上，茅塞顿开；或者觉得处理很多繁琐杂乱的事务时，特别得心应手，一碰上就能全部顺利地解决；或者遇上以前的那些冤家对头时，能够将嗔恨忿怒转化而心生欢喜；或者晚上梦到自己呕吐污秽；或者梦见从前的那些大圣大贤，前来帮助引导自己；或者是梦见自己在空中飞行漫步；或者是梦见各类庄严的旗帜以及那些珠宝所装饰的伞盖……

诸如此类，种种殊胜的情况，都是过错罪恶（业障）消除的象征。

然而，不可以执着在这些事相上，自以为程度已经很高而心生贡高我慢。如果这样的话就等于画地为牢，以后也就不会再有进步了。

（三）

昔蘧伯玉①当二十岁时，已觉前日之非而尽改之矣；至二十一岁，乃知前之所改未尽也；及二十二岁，回视二十一岁，犹在梦中。岁复一岁，递递②改之，行年③五十，而犹知四十九年之非。

古人改过之学如此。

【注释】

①蘧（qú）伯玉：约生于公元前585年左右，卒于公元前484年以后，名瑗，字伯玉，谥成子。春秋卫国著名贤大夫，孔子挚友，奉祀于孔庙东庑第一位，也是道家"无为而治"的开创者。

蘧伯玉终生侍奉卫国献公、殇公、灵公三代国君，主张以德治国、体恤民生、实施"弗治之治"，倡导执政者要以自己的模范行为去感化、教育、影响人民。

蘧伯玉是孔子终生的挚友，孔子赞叹蘧伯玉是真正的君子，君王有道则辅政治国，君王无道就心怀正气归隐山林。当年两人各在鲁卫两地做官时就互派使者致问，以后孔子在周游列国十四年的时间里，有十年在卫国,其中两次住在蘧伯玉家,时间很长,交往甚深甚广。蘧伯玉的政治主张、言行、情操对儒家学说的形成产生了重大影响,从而为儒家学派的最终确立奠定了坚实的基础。

蘧伯玉年五十而知四十九年之非、夜车止阙见信宫闱以及出使楚国等故事,一直以来盛传不衰,其教化功德无量。

②递递:连续的样子。南宋杨万里《感秋》诗之三:"切切百千语,递递三四更。"

③行年:此处指的是经历过的年岁。当时年龄、将到的年龄或流年也称"行年"。

【解读】

从前,春秋时卫国的贤大夫蘧伯玉,二十岁的时候就能够时时反省自己,觉察到自己以往的过错并全部改正了过来;到二十一岁,这才知道以前改错并不彻底,还没有全部改正过来;等到了二十二岁,再回头检查二十一岁时的自己,仿佛是在梦里一样,还会稀里糊涂地犯错……年复一年,连续不断改错,到了五十岁的时候,却还能够觉察到过去四十九年中存在的过错。

古人对于改正过错这门学问的学习态度,就是如此认真严格啊!

吾辈身为凡流①**,过恶猬集**②**,而回思往事,常若不见其有过者,心粗而眼翳也。**

【注释】

①凡流：普通的平常人。

②猬集：像刺猬的刺那样聚在一起，比喻事情繁多且集中。

【解读】

我们身为平凡之辈，所犯的过错乃至恶行就像刺猬身上的刺那样密集。可是，当我们回首往事的时候，常常好像是看不到自己有什么过错，大都是自我感觉良好。这实在是自己粗心大意，不懂得自我反省，没有自知之明，就像眼睛长了翳病一样，看不清楚自己啊！

（四）

然人之过恶深重者，亦有效验①。

或心神昏塞，转头即忘；或无事而常烦恼；或见君子而赧然②消沮③；或闻正论④而不乐；或施惠而人反怨；或夜梦颠倒，甚则妄言失志⑤……皆作孽之相也。

苟一类此，即须奋发，舍旧图新，幸⑥勿自误！

【注释】

①效验：这里是呈现出明显迹象的意思，含有即将遭到恶报的征兆之义。效：呈现。验：证据，引申为迹象。

②赧（nǎn）然：形容难为情的样子，羞愧的样子。

③消沮（jǔ）：沮丧。书局本作"相沮"。

④正论：正知正见，或者正直地议论事情。此处指圣贤的正知正见和一般人的正直言论。一说泛指圣贤之道，不妥。南宋叶适《祭黄尚书文》："公存匪石，终始根柢；常扶正论，独引大体。"《汉书·夏侯胜传》："人臣之谊，宜直言正论，非苟阿意顺指。"

⑤失志：失常。

⑥幸：期望，希望，希冀。唐代陈子昂《座右铭》："幸能修实操，何俟钓虚声。"

【解读】

不过，那些过错以及恶行深重的人，也会呈现出一些明显的征兆。

有的心神封闭，精神混乱，掉头就忘事；有的无缘无故，常常心烦气恼；有的见到正人君子却很羞愧，或者是很沮丧提不起精神；有的听到圣贤之道或者人们在正直地议论事情，反而不高兴；有的给人恩惠，却反而招致对方怨恨；有的晚上做些乱七八糟的梦，甚至经常语无伦次，胡说八道，乃至是神志失常……这些都是因为自己过去造作罪孽，而反应出来的现象。

如果自己出现类似的情况，就必须立刻振作精神发奋努力，弃恶扬善，改邪归正，希望千万不要耽误了自己幸福美好的锦绣前程啊！

第三篇　积善之方

因果不爽第十一

（一）

《易》曰："积善之家，必有余庆。"

昔颜氏将以女妻①叔梁纥②，而历叙③其祖宗积德之长，逆知④其子孙必有兴者。

孔子称舜⑤之大孝，曰："宗庙飨之，子孙保之。⑥"

皆至论也，试⑦以往事征⑧之。

【注释】

①妻（qì）：以女嫁人。

②叔梁纥（hé）：孔子的父亲，春秋鲁国大夫，名纥，字叔梁。叔梁纥是周代诸侯国宋国君主的后代，其人品出众，博学多才，能文善武，曾官陬邑大夫，与鲁国名将狄虒弥、孟氏家臣秦堇父（其子秦丕兹为孔门七十二贤之一）合称"鲁国三虎将"。《孔子家语·本姓解》等记载，叔梁纥先娶妻施氏，生九女而无子，又娶妾得一子，名孟皮，有足疾。于是叔梁纥求婚于颜氏，颜氏有三个女儿，最小的女儿颜徵在嫁给了叔梁纥，生下了孔子。孔子三岁时，父亲去世；孔子十七岁时，母亲去世。

③历叙：一一地叙说。历：逐个，一一地。叙：叙说，陈述。

④逆知：预知，预料。北宋苏洵《权书上·用间》："今夫问将之贤者，必曰能逆知敌国之胜败。"

⑤舜：远古帝王，五帝之一。姚姓，一说妫姓，有虞氏，名重华，字都君，谥曰"舜"，史称帝舜、虞舜、舜帝，后世以舜简称之。舜是中华民族的共同始祖，奠定了以孝治国的理念，中华传统美德的创始人之一，中华文明的重要奠基人，二十四孝之首。据典籍记载，舜是颛顼帝的六世孙，生长在妫水（今山西济水），时家境清贫，舜从事于各种体力劳动，经历坎坷磨难。舜在历山耕耘种植，在雷泽打渔，在黄河之滨制作陶器……由于舜的德行感染，凡是舜所到之处都会很快发展起来，成为一个富庶而民风很好的地方。其父瞽叟糊涂固执，继母凶悍泼辣，异母弟象傲慢粗野，他们多次想害死舜。他们让舜修补谷仓仓顶时，从谷仓下纵火，舜手持两个斗笠跳下逃脱；让舜掘井时，瞽叟和象却挖土填井，舜掘地道逃脱了。事后舜不但毫不嫉恨，不念旧恶，而且更加孝敬父亲和继母，更加友爱弟弟。登天子之位后，舜回家看望父亲、继母仍然恭恭敬敬，并封象为诸侯。舜的孝心孝行感天动地，终于也感化了父母兄弟。后世有诗赞曰："队队春耕象，纷纷耘草禽。嗣尧登宝位，孝感动天心。"

⑥宗庙飨之，子孙保之：像舜这样的大孝之人，不但后世以宗庙之礼来祭祀他，而且子孙后代也都能够保持下去。飨（xiǎng）：意思是用酒食招待客人，泛指请人受用，此处作祭祀解。宗庙：古代帝王或者诸侯祭祀祖宗的地方。

一说像舜这样的大孝之人，不但是祖宗要享受他的祭祀，并且世世子孙都会保住他的福德，不会败落下去的；一说宗庙将会祭祀他，子孙也会保住他的福德。二者皆不确，违背因果法则。因为舜帝的大孝之因，而感得后世以宗庙之礼来祭祀他的善果，亦与前言"积善人家，必有余庆"相呼应。善因善果，因果不爽。如果依二者解，因果何在？

是语出自《中庸》："舜其大孝也与！德为圣人，尊为天子，富有四海之内。宗庙飨之，子孙保之。故大德，必得其位，必得其禄，必得其名，必得其寿。故天之生物，因材而笃焉……"

⑦试：用。《礼记·乐记》："兵革不试，五刑不用。"

⑧征：证明。《论语·八佾》："夏礼吾能言之，杞不足以征也。"

【解读】

《周易》说："能够积德行善的家族，必然留下很多吉祥的福报，恩泽及于子孙。"

以前，颜氏想把女儿嫁给孔子的父亲叔梁纥的时候，就逐一叙述了其列祖列宗长期以来所修积的德行，预料到他的子孙后代中必定有兴旺发达的。

孔子赞叹舜帝的大孝时，曾经说："像舜这样的大孝之人，不但后世以宗庙之礼来祭祀他，而且子孙也都能够永远地保持下去。"

这都是最为正确精辟的名言，我们可用以往的事实来加以明证。

（二）

其一

杨少师①荣，建宁人，世②以济渡③为生。久雨溪涨，横流④冲毁民居，溺死者顺流而下。他舟皆捞取货物，独少师曾祖及祖惟救人，而货物一无所取，乡人嗤⑤其愚。

【注释】

①杨少师：即杨荣（1371—1440），原名道应、子荣，字勉仁，建宁（今福建建瓯）人，建文二年（1400），进士及第。明初著名政治家、文学家、内阁首辅，与杨士奇、杨溥并称"三杨"，因居地所处，时人称为"东杨"。杨荣警敏通达，善于察言观色，文渊阁治事三十八年，谋而能断，老成持重，史称"挥斥游刃，遇事立断"。杨公年七十病逝，赠光禄大夫、左柱国、太师，谥号文敏。康熙六十一年（1722），从祀历代帝王庙。杨公以武略见重而好诗文，为当时"台阁体"文学代表人物之一，有《后北征记》《杨文敏集》等传世。

少师：官名。周朝置少师、少傅、少保以辅天子，称"三孤"，又称"三少"。北周以后历代多沿用，明清作为荣衔，列为一品，无固定员额，亦无职事。

②世：这里指世世代代相承。古代称三十年为一世，也称父子相继为一世。《孟子·梁惠王下》："仕者世禄。"

③济渡：摆渡。《明史·朱纨传》："假济渡为名，造双桅大船，运载违禁物，将吏不敢诘也。"

④横流：水四处泛滥。

⑤嗤（chī）：讥笑。

【解读】

少师杨荣是建宁人，祖上世代靠摆渡维持生计。有一次，下了很长时间的雨，溪流暴涨，水势横冲直撞，冲毁民宅，淹死的人顺流漂下。别的船家都去争着打捞财物，唯独杨少师的曾祖和祖父一直忙活着搭救那些落水的人，对于那些漂流的财物却一点也没有捞取，当时同乡的人都笑话他们父子愚蠢。

逮①少师父生，家渐裕，有神人化为道者，语之曰："汝祖、父有阴功，子孙当贵显，宜葬某地。"遂依其所指而窆②之，即今白兔坟也。

【注释】

①逮：介词，至。魏晋李密《陈情表》："逮奉圣朝，沐浴清化。"

②窆（biǎn）：泛指埋葬。本义是把棺材下入墓穴。

【解读】

等到少师父亲出生的时候，家境就逐渐富裕些了。后来有一位神仙变化成道人，告诉少师的父亲说："你的祖父和父亲积下了很多阴德，子孙后代必定会兴旺发达起来，应该把你的祖父和父亲下葬在某个地方。"于是，杨少师的父亲就按照道人的指点，安葬了祖父和父亲的尸骨。这就是现在大家所说的"白兔坟"那种风水宝地。

后生少师，弱冠①登第，位至三公②，加曾祖、祖、父如其官。子孙贵盛，至今尚多贤者。

【注释】

①弱冠：古时男子二十岁称为弱冠。二十体犹未壮，故曰弱；古代男子二十行冠礼，以示成人，故曰冠。故后世以"弱冠"泛指二十岁左右的男子。《礼记·曲礼上》："二十曰弱，冠。"又言"男子二十，冠而字。"《礼记·冠义》："冠者，礼之始也。"古人非常重视冠礼。冠礼仪式具有非常重要的教育意义，从周朝开始一直持续到清朝，遗憾的是清末民初逐渐消失了……

②三公：中国古代朝廷中最尊显的三个官职的合称。源于周代，而后三公的称呼及其官职历代均有所不同，明清时以太师、太傅、太保为三公，仅作为最高荣誉头衔加于某些大臣。

【解读】

以后少师出生，二十岁就考中了进士，做官做到三公的位置，连他的曾祖、祖父以及父亲都被追封了像他一样的官职。他的子孙也很尊贵，都很兴旺发达，直到现在还出现了很多贤达之士。

其二

鄞①人杨自惩，初为县吏②，存心仁厚，守法公平。时县宰③严肃，偶挞④一囚，血流满前，而怒犹未息。杨跪而宽解⑤之。

宰曰："怎奈⑥此人越法⑦悖理，不由人不怒？"

自惩叩首，曰："'上失其道，民散久矣。如得其情，哀矜勿喜。'喜且不可，而况怒乎？⑧"

宰为之霁颜^⑨。

【注释】

①鄞（yín）：今浙江省宁波市鄞州区。

②县吏：古代在县衙里帮助县官办事人员，相当于现在的文秘之类。

③县宰：县令、县长的别称。

④挞（tà）：指用鞭棍等打人。

⑤宽解：宽慰劝解。

⑥怎奈：奈何，无奈。

⑦越法：违法。

⑧上失其道句：出自《论语·子张》："上失其道，民散久矣。如得其情，则哀矜而勿喜。"今《论语》流通本多一"则"字。民散：民心叛离。哀矜：哀怜，怜悯。

⑨霁（jì）颜：收敛威怒之貌，也指和颜悦色貌。此处指怒气消散。

【解读】

鄞县人杨自惩，当初是一名小小的县吏，但他为人心地仁义厚道，处事遵守法律而且公正无私。当时的县令很严厉，有一次用鞭棍打一名囚犯，打得是血流满面，可县令的怒气仍然未消，杨自惩就赶忙跪下替犯人求情，请求宽大处理。

县令说："这个人触犯法律，违背天理，又不肯认错，怎么能不让人忿怒呢？"

杨自惩叩头说道："《论语》里说:'执政者失去正道,老百姓失去了行为准则,离心离德已经很久了。如果确实查清了老百姓犯法的实情,应当要同情怜悯他们,不要沾沾自喜。'沾沾自喜都不可以,更何况是发怒呢?"

县令听他这样一说,脸色也就为之缓和了下来。

家甚贫,馈遗①**一无所取。遇囚人乏粮,常多方以济之。一日,有新囚数人待哺**②**,家又缺米,给囚则家人无食,自顾则囚人堪悯**③**。与其妇商之。**

妇曰:"囚从何来?"

曰:"自杭而来,沿路忍饥,菜色可掬④**。"**

因撤己之米,煮粥以食囚⑤**。**

【注释】

①馈遗(kuì wèi):馈赠,赠送。西汉司马迁《史记·孝武本纪》:"人闻其能使物及不死,更馈遗之,常余金钱帛衣食。"

②待哺:等待食物进食。

③堪悯:十分可怜。

④菜色可掬:脸像又青又黄的菜的颜色一样,非常明显,仿佛双手就能捧起来。指饥民长期挨饿的情况非常严重。菜:饥民因主要用菜充饥而造成严重营养不良的脸色。东汉班固《汉书·翼奉传》:"连年饥馑,加之以疾疫,百姓菜色,或至相食。"颜师古注:"人专食菜,故饥肤青黄,为菜色也。"掬:双手捧取。

⑤食囚:拿食物给囚犯吃。

【解读】

杨自惩的家中虽然很是贫穷,但是对于别人赠送的财物却一概不予收取。尽管如此,一旦遇到囚犯缺粮,又总是想方设法救济他们。一天,有好几个新来的囚犯没的吃,又正碰上家里也缺粮少米的。如果把粮食送给囚犯,自家就没得饭吃;如果只顾自家,那些犯人就会继续挨饿,实在太可怜了。于是,杨自惩就去和太太商量怎么来办这件事。

太太问道:"囚犯们是从哪里来的?"

杨自惩说:"是从杭州来的,一路上忍饥挨饿,脸色又青又黄,已经饿得很不像个人样了。"

于是,夫妻二人就拿出自家那仅有的米粮煮成粥,分给囚犯们吃。

后生二子,长曰守陈^①,次曰守址^②,为南北吏部侍郎^③。长孙^④为刑部侍郎,次孙^⑤为四川廉宪^⑥,又俱为名臣。今楚亭德政^⑦,亦其裔^⑧也。

【注释】

①守陈:即杨守陈(1425—1489),字维新,号镜川,一作晋庵,景泰二年进士。授编修,成化时历侍讲、侍讲学士,编《文华大训》,改变不录涉及宦官诸事之成例,备列善恶得失;弘治元年擢吏部右侍郎,修《宪宗实录》充副总裁,后乞解部务,以本官兼詹事府,专事史馆。谥号文懿,追赠礼部尚书。著有《杨文懿全集》。另,史称其祖父学问操行俱佳,"尝诲守陈以精思实践之学"。

②守址:即杨守址(1436—1512),字维立,号碧川,成化年间乡试

第一（解元），成化十四年一甲进士第二名（榜眼），授翰林编修。任翰林侍读学士、南京吏部右侍郎等，加尚书衔致仕。曾任《大明会典》副总裁，人称"杨太史"。

③侍郎：中国古代官名，创建于汉代，一直沿用到清末。明清时是中央政府各部的副部长，地位次于尚书。明朝为正三品，清代递升至从二品，与尚书（从一品）同为各部的长官。

④长孙：即杨茂元（1450—1516），字志仁，号麟洲，成化十一年进士。授刑部主事，历郎中，出为湖广副使、山东副使；弘治中因疏劾太监李兴，被贬为长沙府同知；不久去官归里，复起为安庆府知府，升广西右参政、云南左、右布政使，进右副都御史，巡抚贵州；尔后改任南京都察院，官至刑部右侍郎。杨茂元遇事敢言，不媚权贵。著有《麟洲存稿》。

⑤次孙：即杨茂仁，生卒不详，字志道，成化二十三年进士，授刑部郎中。辽东镇守的太监梁玘被弹劾，茂仁与给事中前往调察，后尽举其罪。官至四川按察使。著有《凤洲遗稿》。

⑥廉宪：宋、元时期的官职名称，俗称廉访使，主要负责考校官吏政绩。宋代全称廉访使者，元代全称肃政廉访使，明清时改为"提刑按察使"。

⑦楚亭德政：即杨德政，生卒不详，字叔向，号楚亭，正德十二年（1517）进士，翰林院编修，官至福建按察使。著有《梦鹿轩稿》。一说"楚亭德政"是二人，杨自惩的两位后人，误。

⑧裔（yì）：后代子孙。

【解读】

后来，杨自惩生了两个儿子，大儿子名叫守陈，二儿子名叫守址，分别担任南京和北京吏部的侍郎。大孙子是刑部侍郎，二孙子是四川廉宪，又都是有名的贤臣。现在大家所津津乐道的"楚亭德政"，也是他的后世子孙。

其三

昔正统^①间，邓茂七^②倡乱^③于福建，士民从贼者甚众。朝廷起^④鄞县张都宪^⑤楷南征，以计擒贼。

后委布政司^⑥谢都事，搜杀东路贼党。谢求贼中党附^⑦册籍，凡不附贼者，密授以白布小旗，约兵至日插旗门首。戒军兵无妄杀，全活万人。

【注释】

①正统：明英宗年号。

②邓茂七：原名邓云（？—1449），江西南城县珀玗乡（今沙洲镇）人，后迁居沙县（今属三明市梅列区），佃农出身。明英宗正统初年，因愤杀豪强，与弟避匿在福建宁化乡绅陈正景家，分别改名为茂七、茂八。正统十二年（1447）起事，自号铲平王，一时聚众八十万，"控制八闽，三省震动"，形成了明朝开国以来最大的一次农民集体事件。正统十四年（1449）二月，邓茂七兵败身亡，枭首示众，起事以失败告终。

③倡乱：带头造反。

④起：任用。

⑤都宪：明朝都察院、都御史的别称，主要负责全国官吏风纪、弹劾及纠举等。

⑥布政司：全称为"承宣布政使司"，明朝地方行政机构。洪武九年，改浙江、江西等十二行省为承宣布政使司，废行省平章政事等官，改参知政事为布政使，别称藩台或藩司，时人又称方伯。当初，布政使调至

京师供职，即为尚书、侍郎、副都御史，权位较高。后来，朝廷为加强统治，在地方逐渐增设巡抚，成为各省之长，巡抚与巡按合称两台。布政司及按察司、都司，均成为了巡抚属下。

⑦党附：结党逢迎依附。《明史·阉党传·焦芳》："当刘瑾时，廷臣党附者甚众。"

【解读】

从前明英宗正统年间，土匪邓茂七在福建聚众犯上作乱，当地的读书人和一般老百姓随从反贼闹事的很多。朝廷任命曾任都御史的鄞县人张楷率军南征，张楷用计谋擒杀了反贼邓茂七。

尔后，朝廷又委任福建布政司的下属谢都事，去搜捕斩杀东路沿海一带的剩余贼众。谢都事先是想方设法，找到了反贼结党的名单，凡是那些不愿意跟随反贼的人，就把白布做的小旗秘密地给了他们，并且约定大军到的时候，把旗子插在门口上。谢都事又严令禁止官兵，不得乱杀无辜，如此以来保全了成千上万人的性命。

后谢之子迁①中状元②，为宰辅③；孙丕④，复中探花⑤。

【注释】

①谢之子迁：即谢迁（1449—1531），字于乔，号木斋，浙江余姚人，嘉靖朝一品大学士，是明朝余姚"三阁老"中最为著名者，成化十一年（1475）进士第一，即状元。历任修撰、左庶子、太子太保、兵部尚

书兼东阁大学士，经成化、弘治、正德、嘉靖四朝，政绩卓著。其仪表堂堂，相貌俊伟，办事坚持原则，为人光明磊落，遇事明了且处理迅速。时谢迁、刘健、李东阳共同辅佐皇帝，史称："李公谋略高超，刘公办事果断，谢公谈吐尤健。"嘉靖十年（1531）谢迁寿终正寝，享年八十三岁。明世宗特赠太傅官衔，谥号文正，葬于余姚东山乡伏虎庄（今余姚市临山镇临山村）。

②状元：科举考试中文武科殿试第一名之称。状元肇端于隋，确立于唐，完备于宋。唐制时举人赴京应礼部试者皆须投状，因称居首者为状头，故有状元之称。宋开宝八年（975）后增加殿试，因称省试第一名为省元，殿试第一名为状元，亦称殿元。此后"状元"作为科名最高荣誉，一直沿用到清末中国的最后一次科举考试。据统计，自唐高祖武德五年（622）科举考试开始，至清光绪三十年（1904）最后一次科考，凡一千二百八十二年间，历代王朝共选拔了文状元六百五十四名，武状元一百八十五名（有姓名记载者）。

③宰辅：辅佐皇帝的大臣，多指宰相或者三公。

④丕：即谢丕（1482—1556），一代贤相谢迁次子，字以中，号汝湖，晚年自号留园野老。弘治十七年（1504）乡试第一（解元），尔后会试第四名，殿试第三名（探花），授编修，官至吏部左侍郎，兼翰林院学士，参与修订《永乐大典》。以后其母去世，回乡守丧，三年期满，巡按疏荐起用，谢丕不应，居乡"修谱牒，创宗祠，置义仓、义学，拯贫病，造津梁"。谢丕晚年，绝意世用，远离官场，受到乡人的推崇。谢丕去世后，赠礼部尚书。

⑤探花：中国古代科举考试中位列进士第三名的称谓，与第一名状元，第二名榜眼合称"三鼎甲"。"探花"最早出现在唐朝，但当时只是戏称而已，与登第名次无关。唐代进士及第后有隆重庆典，活动之一便是在杏花园举行"探花宴"，即事先选择同榜进士中最年轻且英俊的两人

为探花使，遍游名园，沿途采摘鲜花，然后在琼林苑赋诗抒发内心喜悦之情，并用鲜花迎接状元。这项活动一直延续到唐末。北宋开宝年间，宋太祖正式创建殿试制度，于礼部试之后，皇帝再次亲试进士，并确定名次。开宝八年(975)，礼部试和殿试分别放榜，标志着三级考试制度正式确立，"探花"作为科考第三名的荣誉称谓被确立，一直到今天其称呼仍历久不衰。

【解读】

后来，谢都事的儿子谢迁考中了状元，官至宰相；他的孙子谢丕，又考中了探花。

其四

莆田^①林氏，先世^②有老母好善，常作粉团^③施^④人。求取即与之，无倦色。

一仙化为道人，每旦^⑤索^⑥食六七团，母日日与之，终三年如一日，乃知其诚也。

因谓之曰："吾食汝三年粉团，何以报汝？府^⑦后有一地，葬之，子孙官爵^⑧，有一升麻子^⑨之数。"

【注释】

①莆田：现为福建省所辖地级市，古称"兴化"，又称"莆阳""莆仙"，素有"海滨邹鲁""文献名邦"之美誉。

②先世：祖先，先人。东汉王充《论衡·感类》："阴阳不和，灾变

发起，或时先世遗咎，或时气自然。"

③粉团：食品名。用糯米制成，外裹芝麻，置油中炸熟，犹今之麻团。

④施：给予，施舍，布施。

⑤每旦：每天。旦的本义是早晨或者天明，此处引申为天、日。

⑥索：要。

⑦府：敬辞。称对方的家。

⑧官爵：加官进爵。

⑨麻子：一说苴麻籽，一说芝麻粒。今从后说。

【解读】

福建莆田一户姓林的人家，祖上有位老太太乐善好施，常常做粉团给人吃。凡是来要的，老太太就给他，没有一点点厌烦的样子。

有位神仙变化成道长，每天都来索取六七个粉团，老太太就天天如数供应给他，自始至终，三年如一日。神仙这才确认老太太是真心做好事。

于是，神仙就告诉老太太说："我吃了您三年的粉团，用什么来报答您呢？这样吧，在您家的后面有一块地，如果您百年之后埋葬在那个地方，您家子孙后代中做官的人，就像一升芝麻粒的数量那么多。"

其子依所点葬之，初世即有九人登第，累代簪缨①**甚盛。福建有"无林不开榜"之谣**②**。**

【注释】

①簪(zān)缨: 古代达官贵人的冠饰, 借指高官显宦。南朝梁萧统《锦带书十二月·姑洗三月》: "龙门退水, 望冠冕以何年? 鹓路颓风, 想簪缨于几载?"

②谣: 传言。

【解读】

老太太去世后, 她儿子依据当初那位神仙的指点, 安葬了老人家。结果第一代的后人中就有九个考取了科举功名, 以后世世代代成为达官显贵的很多。

福建至今还有"无林不开榜"的民间传言。

其五

冯琢庵①太史②之父, 为邑庠生③。隆冬④早起赴学, 路遇一人, 倒卧雪中。扪⑤之, 半僵矣, 遂解己绵裘⑥衣之⑦, 且扶归救苏⑧。

【注释】

①冯琢庵: 即冯琦(1558—1604), 字用韫, 号琢庵, 祖籍临朐, 冯裕曾孙, 年十九(明万历五年, 即1577年)进士。历任编修、侍讲、礼部右侍郎、礼部尚书等职, 后卒于官, 年仅四十六岁。《明史》载: "帝悼惜之, 赠太子少保。天启初, 谥文敏。"史称冯琦"明习典故, 学有根柢, 数陈谠论, 中外想望风彩", 连"深宫静摄, 付万事于不理"之万历皇帝"亦

深眷倚"。著有《宗伯集》八十一卷。其奏疏非常之著名,每有传出,朝野竞相传录,其中《肃官常疏》《矿税疏》以及《游冶源记》《游石门山记》等皆为名篇佳作。

②太史:古代官名。三代为史官与历官之宅,朝廷大臣,尔后职位渐低。秦称太史令,汉属太常,掌天文历法。魏晋以后太史仅掌管推算历法,至明清两朝修史之事由翰林院负责,因此也称翰林为太史。

③庠生:明清时代府、州、县学的生员别称。古代学校称庠,学生称庠生。明清时州、县学称"邑庠",童生入学称之为"在庠",即有秀才身份。秀才也叫"邑庠生",或"茂才"。

④隆冬:冬天最冷的时期。

⑤扪(mén):摸。西汉司马迁《史记·高祖本纪》:"项羽大怒,伏弩射中汉王。汉王伤胸,乃扪足曰:'虏中吾指。'"

⑥绵裘:以绵绸作面的皮袍子。

⑦衣(yì)之:拿衣服给他穿。衣:穿,拿衣服给人穿。

⑧苏:醒来。

【解读】

太史冯琢庵的父亲,当年还是县学里秀才的时候,在一个隆冬严寒的天气,一大早起来赶路到县学读书,路上遇到一个人倒卧在冰天雪地里。他伸出手来摸了摸,那人已经冻得半僵硬,差不多快死了。于是,他就赶忙脱下自己的皮袍子,给那人穿上,并且把那人搀扶到家里救醒过来。

梦神告之曰:"汝救人一命,出至诚心,吾遣韩琦①为汝子。"

及生琢庵，遂名琦。

【注释】

①韩琦（1008—1075）：字稚圭，自号赣叟，相州安阳（今河南安阳）人，祖籍河北赞皇县，天圣五年（1027）进士，北宋著名政治家、词人。韩琦三岁父母皆亡，由诸兄抚养，史称"既长，能自立，有大志气。端重寡言，不好嬉弄。性纯一，无邪曲，学问过人"。韩琦三朝贤相，辅佐北宋仁宗、英宗和神宗，亲历抵御西夏、庆历新政等重大历史事件，政绩卓著。曾有为相十载辅佐三朝之辉煌，亦有被贬在地方前后长达十几年之生涯。居庙堂之高，韩琦则运筹帷幄，使"朝迁清明，天下乐业"；处江湖之远，韩琦忠于职守，勤政爱民。韩琦始终为朝廷着想，忠君报国，实乃从政者之楷模。宋仁宗时，韩琦曾与范仲淹率军防御西夏，人称"韩范"，时边疆传颂一歌谣："军中有一韩，西贼闻之心骨寒；军中有一范，西贼闻之惊破胆。"熙宁八年（1075）六月，韩琦去世，享年六十八岁。宋神宗御笔亲撰墓碑："两朝顾命定策元勋。"追赠尚书令，谥号忠献，配享宋英宗庙庭。后世评价："公历事三朝，辅策二朝，功存社稷。天下后世，儿童走卒，感慕其名。"子曰："君子不器。"韩琦则当之无愧也。著有《安阳集》等。

【解读】

后来，梦见神人来告诉他说："你救了人一命，而且是出于真诚之心。因此，我要派韩琦来给你当儿子。"

等到生了琢庵，于是就取名为冯琦。

其六

台州①应尚书②，壮年③习业④于山中。夜鬼啸集⑤，往往惊人，公不惧也。

一夕⑥，闻鬼云："某妇以夫久客⑦不归，翁姑⑧逼其嫁人，明夜当缢死⑨于此，吾得代⑩矣！"

公潜⑪卖田，得银四两，即伪作其夫之书，寄银还家。

其父母见书，以手迹不类⑫，疑之，既而⑬曰："书可假，银不可假，想儿无恙。"

妇遂不嫁，其子后归，夫妇相保⑭如初。

公又闻鬼语。

曰："我当得代，奈此秀才坏吾事。"

傍一鬼曰⑮："尔何不祸之？"

曰："上帝以此人心好，命作阴德尚书⑯矣。吾何得⑰而祸之？"

【注释】

①台州：今为台州市，浙江省所辖地级市。台州以"佛、山、海、城、洞"五景闻名，自古以"海上名山"而著称。

②应尚书：即应大猷（1487—1581），字邦升，号容庵，生于浙江仙居县一户积德行善人家，孩童时就以仁爱孝悌闻名乡里，明正德九年（1514）进士。为官五十余年，经明朝成化、弘治、正德、嘉靖、隆庆、万

历六朝，亲历武宗朝"宸濠谋反"，世宗朝"大礼议""北寇南倭"等重大历史事件，官至刑部尚书。应公为官清正廉明，享有"官行一担书，民送两行泪"之美誉，任内持法平恕，平反诏狱。曾正色而曰："吾为命官，只知守三尺法耳，不知其他！"严嵩专权，户部郎中孙绘因谏下狱，曾力为申救，为此亦遭嵩子世蕃诬陷，于嘉靖四十年被迫致仕回归故里。尔后，造福桑梓，培养人才，讲学不倦三十年，九十五岁辞世。闲时潜心学文，老而益勤，著有《容庵集》《周易传义存疑》等。

③壮年：壮盛之年，指年轻时期。南朝宋袁淑《效古》诗："勤役未云已，壮年徒为空。"南宋陆游《纵笔》诗之三："壮年行出塞，晚岁病还家。"

④习业：此处指读书。

⑤啸集：指鬼类聚集，发出恐怖嚎叫之声。

⑥一夕：一天夜晚。

⑦客：此处指外出。

⑧翁姑：公公和婆婆。

⑨缢（yì）死：俗称吊死。

⑩得代：得到替代。民俗认为死于非命者的魂魄总守在死所，鬼抓住新来者的魂灵替代自己，方可超脱孽海。对于被抓住的新魂灵，有的地方民俗称之为"替瓜"，也叫"替死鬼"等。

⑪潜：偷偷地，秘密地。《左传·僖公三十年》："若潜师以来，国可得也。"

⑫类：像，相似。《国语·吴语》："臣观吴王之色，类有大忧。"

⑬既而：不久，过一会儿。西晋陈寿《三国志·魏书·武帝纪》："张诱降，既而悔之。"

⑭相保：相守，在一起。三国曹植《与吴质书》："谓百年己分，可长共相保。"

⑮傍一鬼曰：书局本作"旁一鬼曰"。

⑯阴德尚书：因为积了阴德将来要做尚书的意思。

⑰何得：怎能，怎会。三国魏嵇康《答难养生论》："在上何得不骄？持满何得不溢？"

【解读】

浙江台州应大猷尚书，年轻时曾在山里学习。晚上有鬼呼啸聚集而来，很惊吓人，但应公却毫不惧怕。

有天晚上，应公听到一个鬼说："某位妇人因为丈夫久在外地没有回来，公公婆婆认为儿子已经死了，就逼她改嫁。她明天晚上会吊死在这里，我终于有替瓜了！"

应公于是回家秘密地把田地卖了，得到了四两银子，就伪造了一封那妇人丈夫写的家信，连同银子寄到了他家。

他父母看到书信后，因为笔迹并不像，就有些怀疑，但是过了一会儿又说："书信可能是假的，但银子却不是假的，想来儿子应该是平安无恙的。"

那妇人就没有再被逼着改嫁。后来，他们的儿子终于回到了家中，夫妻二人就像过去那样又相守在了一起。

应公后来又听到鬼们说话。

其中一个鬼说："我本来是应当有替瓜的，怎奈被这个秀才给破坏了。"

旁边的一个鬼说："你怎么不去祸害他？"

那鬼说："上天因为这人心地好，积了大阴德，已经任命他做阴德尚书了。我怎么能够祸害他呢？"

应公因此益自努励，善日加修，德日加厚。遇岁饥，辄捐谷以赈之；遇亲戚有急，辄委曲①维持②；遇有横逆③，辄反躬自责，怡然④顺受。

子孙登科第者，今累累⑤也。

【注释】

①委曲：曲意迁就。东汉班固《汉书·儒林传·严彭祖》："凡通经术，固当修行先王之道，何可委曲从俗，苟求富贵乎！"

②维持：此处指帮人渡过难关。

③横逆：此处指强暴无理者。一说不如意事，不确。《孟子·离娄下》："有人于此，其待我以横逆，则君子必自反也。"

④怡（yí）然：安适自在的样子。《列子·黄帝》"黄帝既寤，怡然自得。"

⑤累累：重叠，很多的样子。北宋梅尧臣《范景仁席中赋葡萄》诗："朱盘何累累。"《礼记·乐记》："累累乎端如贯珠。"

【解读】

应公因此而倍受鼓舞就更加努力了，善事在一天天地积累，德行在一天天地加厚。每当遇到荒年饥岁，就立即把家里的粮食捐献出来赈灾；遇到亲戚有急有难，就去想方设法帮助渡过难关；遇到强暴蛮横不讲理的，总是反过头来检查自身的过错而自我谴责，心平气和而逆来顺受很是自然。

正因为应公积德行善如此真诚精进，所以在他老人家的子孙后代中，科考登第的人，到现在可是多得累累叠叠啊！

其七

常熟^①徐凤竹栻^②，其父素^③富，偶遇年荒，先捐^④租^⑤以为同邑^⑥之倡^⑦，又分谷以赈贫乏。

夜闻鬼唱于门曰："千不诳，万不诳^⑧，徐家秀才做到了举人郎。"相续而呼，连夜不断。

是岁，凤竹果举于乡。

【注释】

①常熟：今为常熟市，江苏省苏州市所辖县级市。千年古城，国家历史文化名城。

②徐凤竹栻：即徐栻（1519—1581），字世寅，号凤竹，明代常熟人，嘉靖二十六年（1547）进士，历任江西、浙江巡抚，官至南京工部尚书。任内勤于政事，治绩显著，史称"扬历中外，敏练通达，与人交，款洽有情"，并且"崇尚节俭，以身先之"等。著有《仕学集》。

③素：向来，一向。

④捐：此处指舍去。

⑤租：此处指田租。

⑥同邑：同县。邑：城镇，县。

⑦倡：带头，倡导。

⑧诳：哄骗。

【解读】

常熟人徐栻，号凤竹，他的父亲一向很富有。有一次突然遇到了荒年，他的父亲先是舍掉本来应该收取的田租，在全县带了个好头，然后又把自家的粮食拿出来分发，赈济贫穷人。

到了某天的夜晚，就听到鬼在他家门口唱："千不诓，万不诓，徐家秀才做到了举人郎。"歌声连续呼号，整夜里都没有间断过。

这一年，徐凤竹在乡试中果然考上了举人。

其父因而益积德，孳孳①不怠，修桥修路，斋僧接②众。凡有利益，无不尽心。后又闻鬼唱于门，曰："千不诓，万不诓，徐家举人直做到都堂③。"

凤竹官终两浙④巡抚⑤。

【注释】

①孳孳：同"孜孜"。勤勉，努力不懈。西汉东方朔《答客难》："此士所以日夜孳孳，修学敏行，而不敢怠也。"

②接：接济。

③都堂：尚书省总办公处的称呼，"都"是总揽的意思。唐、宋、金称尚书省长官处理全省政务的厅堂为都堂；明称各官署长官为堂上官而简称堂官，都察院长官都御史、副都御史、佥都御史以及差遣在外的总督、巡抚都带有上述官衔，皆通称都堂；清代则称为"部堂"。

④两浙：指浙江全省。古时浙江分为十一府。其中三府位于钱塘江西，称浙西；八府位于江东，称浙东。

⑤巡抚：明清官名，别称"中丞""抚军""抚台"。始于明洪武年间，是明清时代地方军政大员之一，以"巡行天下，抚军安民"而名。

【解读】

他的父亲因此更加行善积德，勤勉努力，毫不懈怠，又是修桥，又是铺路，又是斋饭供养出家人，又是接济贫苦人家等等。凡是能够利益他人的事情，无不尽心尽力。以后又听到鬼在门前唱："千不诳，万不诳，徐家举人直做到都堂。"

后来徐凤竹果然是官至两浙巡抚。

其八

嘉兴①屠康僖②公，初为刑部主事③，宿狱中，细询诸囚情状，得无辜者若干人。

公不自以为功，密疏④其事，以白堂官⑤。后朝审⑥，堂官摘其语，以讯⑦诸囚，无不服者，释冤抑⑧十余人。一时，辇下⑨咸⑩颂尚书之明。

公复禀曰："辇毂之下，尚多冤民。四海之广，兆民⑪之众，岂无枉者？宜五年差⑫一减刑官，核实而平反之。"

尚书为奏，允其议⑬。

【注释】

①嘉兴：今嘉兴市，为浙江省所辖地级市。自古为繁华富庶之地，

素有"鱼米之乡""丝绸之府"之美誉,有两千多年人文历史,是国家历史文化名城。

②屠康僖:即屠勋(1446—1516),字元勋,号东湖,浙江平湖清溪屠家栅村(今属林埭镇)人,后迁居浙江秀水(今嘉兴),明成化五年己丑(1469)进士,官至刑部尚书。其天性颖敏,少时学贯经史,名闻乡里,长而为官清廉,办事干练,判案剖明决断,后因宦官刘瑾专权,无奈托病还乡,加太子太保。卒后赠太保,谥康僖。著有《太和堂集》《东湖遗稿》等。

③主事:官名。古代品级制度中底层办事官吏。明朝废除中书省,六部各设主事,升为从六品,与郎中、员外郎正并列为六部司官,往往掌握实权。清朝又升各部院主事为正六品,相当于京县知县,各省通判。

④疏(shù):动词。这里指分别写出每个犯人的实情。本义是分条陈述。东汉班固《汉书·苏武传》:"数疏光过失。"

⑤堂官:明清时对中央各部长官如尚书、侍郎等的通称,因在各衙署大堂上办公而得其名。"堂官"相对"司官"而言,各部以外的独立机构长官也称"堂官",知县、知府等亦可称"堂官"。

⑥朝审:明朝的一种审判制度,在秋后处决犯人之前,召集朝廷大臣共同复审死罪囚犯,实际上就是一种会审复核制度。

⑦讯:审问,审讯。西汉邹阳《狱中上梁王书》:"今臣尽忠竭诚,毕议愿知,左右不明,卒从吏讯,为世所疑。"

⑧冤抑:冤屈。西汉东方朔《七谏·怨世》:"独冤抑而无极兮,伤精神而寿夭。"

⑨辇下:指京城,即"辇毂下"的略称。辇毂(gǔ),指天子驾的车。西汉司马迁《报任少卿书》:"仆赖先人绪业,得待罪辇毂下,二十余年矣。"

⑩咸:都。

⑪兆民：古称天子之民，后泛指众民、百姓。南朝梁刘勰《文心雕龙·祝盟》："兆民所仰，美报兴焉。"

⑫差：派。

⑬议：即奏议，一种文体。是呈报皇帝议论得失的奏表。《文心雕龙·议对》："事实允当，可谓达议体矣。"

【解读】

嘉兴人屠康僖公，当初是刑部主事，晚上就在监狱里住宿，仔细询问每位囚犯的犯罪实情，结果发现很多人都是无辜的。

屠公并没有把这些当成是自己的功劳，而是悄悄地将每个犯人的冤情写成公文，呈报给了主理案件的堂官。后来到朝审的时候，堂官就选取其中的言辞来审问犯人，没有不心服口服的，结果一下子释放了十几个被冤枉的人。一时之间，全京城都称颂尚书大人高明。

屠公又上书禀报说："天子脚下，尚且有如此之多被冤枉的人。天下四海非常广大，人民百姓众多，难道就没有被冤枉的吗？因此，朝廷应当每隔五年派出一名减刑官，到地方上去审核查实案情，若遇上冤狱，就给予平反。"

尚书大人根据屠公的禀报，代为奏报朝廷，得到了皇上的批准。

时公亦差减刑之列，梦一神告曰："汝命无子，今减刑之议，深合天心。上帝赐汝三子，皆衣紫腰金①。"

是夕, 夫人有娠, 后生应埙、应坤、应埈②, 皆显官。

【注释】

①衣紫腰金: 大官装束, 指做大官。也称"腰金衣紫", 即戴紫绶挂金章。魏晋以后光禄大夫得假金章紫绶, 因此借指做高官。腰金: 腰佩戴金印。无名氏《灯下闲谈·掠剩大夫》: "见一人衣紫腰金, 神清貌古。"

②应埙(xūn): 即屠应埙, 字文伯, 号九峰, 正德六年(1511)进士, 授吏部主事, 历任镇江府同知、湖广屯田副使等。

应坤: 即屠应坤, 字文厚, 嘉靖二年(1523)进士, 官至云南布政使司参政。

应埈(jùn): 即屠应埈, 字文升, 号渐山, 嘉靖五年(1526)中进士, 初选为庶吉士, 后授刑部主事, 历任礼部员外郎、郎中, 后改翰林院修撰, 不久升右春坊右谕德兼侍读, 不久因受牵连免职, 但嘉靖帝特下旨留用应埈公, 公却上疏乞归, 归后便一病不起。应埈公为官方正严谨, 雅好文史, 虽病中也书不离手, 诗文具司马相如、扬雄之风, 著有《兰晖堂集》。有子屠孟元、屠仲律、屠叔芳, 其中仲律、叔芳皆中进士。

【解读】

当时屠公也被派进了减刑官的行列, 梦到一位神人来告诉他说: "你本来命中是没有儿子的, 但是你现在提出关于减刑的建议, 非常合乎天意。于是, 上帝就赐给了你三个儿子, 并且个个都能做大官。"

这天晚上, 屠公的太太就有了身孕, 后来便生了屠应埙、屠应坤、屠应埈, 他们都做了高官。

(据统计: 大明一朝, 全国一门四代进士的人家仅有十四

例，而屠氏家族自康僖公至其曾孙，是一门四代七进士。积善
人家，必有余庆也。）

其九

嘉兴包凭，字信之，其父为池阳①太守，生七子，凭最
少，赘②平湖③袁氏，与吾父往来甚厚。博学高才，累举不
第，留心④二氏⑤之学。

【注释】

①池阳：安徽池州府别名。今贵池，现为安徽省池州市辖区。

②赘（zhuì）：即入赘，俗称"倒插门"等。指男女结婚后，男到女家
成亲落户的情形，这种婚姻多是女家无兄无弟，为了传宗接代招女婿上
门。

③平湖：今平湖市，现为浙江嘉兴市所辖县级市。

④留心：关注。《文子·微明》："圣人常从事于无形之外，而不留心
于已成之内。"

⑤二氏：指佛、道两家。

【解读】

嘉兴人包凭，字信之，他父亲是池阳的太守，生了七个儿
子，包凭是最小的，到平湖的袁家做了上门女婿，同我父亲交往
很深厚。信之公学识渊博，很有才华，可是屡次参加科举考试
都没有考上，因此而喜欢修学佛道两家的学说。

一日，东游泖湖①，偶至一村寺中，见观音像，淋漓露立②，即解囊③中得十金④，授主僧⑤，令修屋宇⑥。僧告以功⑦大银少，不能竣事⑧。复取松布⑨四匹⑩，检箧⑪中衣⑫七件与之，内纻褶⑬，系新置⑭，其仆请已之。

凭曰："但得圣像无恙⑮，吾虽裸裎⑯何伤⑰？"

僧垂泪曰："舍银及衣布，犹非难事。只此一点心，如何易得？"

【注释】

①泖（mǎo）湖：即三泖，今在浙江新埭大泖口。有上、中、下三泖，上承淀山湖，下流合黄浦入海，今多淤积为田。旧说在江苏松江府境内。

②露立：这里指没有供奉圣像的地方。本义，无居处。南北朝庾信《周大将军司马裔神道碑》："身殁之日，家无余财，素车白马……有诏冬官为营寝室，朱邑祭酹无所，汉后是以赐金；陈表妻子露立，吴王为之开馆。呜呼哀哉！"

③囊（tuó）：装东西的口袋。两端不封口，可以根据要装物品的多少来决定，物品多了就作大口袋，少了可以作小口袋，装好物品后两端再行封口，当中留一空挡，方便牲畜载驼，卸下物品后收起来是个不占地方的小袋子。东汉班固《汉书·赵充国传》："昂家将军以为（张）安世本持囊簪笔，事孝武帝数十年。"颜师古注："囊，所以盛书也，有底曰囊，无底曰囊。簪笔者，插笔于首。"

④十金：即十两银子。金：古代货币单位。先秦以黄金二十两为一金，汉代以黄金一斤为一金。后来以银为货币，银一两称一金。

⑤主僧：佛寺住持。北宋苏轼《东坡志林·记游庐山》："旋入开元寺，主僧求诗，因作一绝。"《金史·世宗纪上》："（世宗）幸华严寺，观故辽诸帝铜像，诏主僧谨视之。"

⑥屋宇：房子，房屋。南朝宋范晔《后汉书·雷义传》："金主伺义不在，默投金于承尘上。后理屋宇，乃得之。"唐代杜甫《茅堂检校收稻》诗之一："喜无多屋宇，幸不碍云山。"

⑦功：工作，事情。此处指工程。《诗经·豳风·七月》："嗟我农夫，我稼既同，上入执宫功。"

⑧竣（jùn）事：了事，完事。南宋周密《齐东野语·杨府水渠》："三昼夜即竣事。"

⑨松布：松江出产的布匹。

⑩匹：古代计算布和绸的长度单位。东汉班固《汉书·食货志下》："布帛广二尺二寸为幅，长四丈为匹。"

⑪箧（qiè）：小箱子，藏物之具。大曰箱，小曰箧。明代宋濂《送东阳马生序》："负箧曳屣。"

⑫中衣：又称里衣，是汉服的衬衣，起搭配和衬托作用。多为白色，主要有中衣、中裙、中裤、中单之分。中衣可搭配礼服，也可以搭配常服，同时可以作为居家服装。

⑬纻褶（zhù zhě）：纻布褶衣。纻：麻织的布。褶：先秦时的褶是指夹上衣，魏晋起至隋唐有裤褶，是一种胡服。明代褶则是一种小袖而袖口收缩，斜领或圆领或方领，下摆有密密褶裥的长衣。

⑭置：购置，添置。《韩非子·外储说左上》："郑人有且置履者。"

⑮无恙：此处指圣像不受损坏。

⑯裸裎（luǒ chéng）：赤身裸体。《孟子·公孙丑上》："尔为尔，我为我，虽袒裼裸裎于我侧，尔焉能浼我哉？"

⑰何伤：何妨，何害。意思是没有什么妨碍。伤：妨碍。《论语·先进》："何伤乎？亦各言其志也。"

【解读】

有一天，信之公到东边泖湖游览，偶然走进一座乡间寺院里，看见一尊观世音菩萨的圣像，因没有地方供奉，在露天里放着，任那风吹雨淋。信之公就立即解开橐，找出了十两银子，恭恭敬敬地交给了寺院住持师父，让他修建一下寺院的殿宇房屋。住持师父告诉他说，因工程量很大而银两又太少，实在是不够用的，恐怕无法完成工程。于是，信之公又拿出了四匹松布，翻出箱子里的七件衣服给了住持。其中，有用麻织布做成的夹衣，还是刚刚添置的，他的仆人请求留下，不要再送出去了。

信之公却说："只要能够让观世音菩萨的圣像不受损坏，我即使光着身子那又有什么关系呢？"

住持师父感动得掉下了泪来，说："布施银子以及衣服布匹，还并不算是什么难事，但就是这一念真诚的善心，怎么能够轻易得到呢？"

后功完，拉老父同游，宿寺中。公梦伽蓝①**来谢曰："汝子当享世禄**②**矣。"**

后子汴③**，孙柽芳**④**，皆登第，作显官。**

【注释】

①伽（qié）蓝：原本为寺院的通称，此处指伽蓝菩萨或者伽蓝神，即寺院护法神。"伽蓝神"：狭义而言，指伽蓝土地的守护神；广义说，泛指所有拥护佛法的诸龙天善神。在汉传佛教中，一般尊关公为伽蓝神或者伽蓝菩萨。据典籍记载，隋时智者大师一次曾在荆州的玉泉山入定，定中听见空中传来"还我头来！还我头来！"的惨叫声。原来是关羽的头被敌人砍下，其愤恨不平，到处寻找自己的头。智者大师反问："你过五关斩六将，杀了那么多人，他们的头谁来还呢？"并为其讲说佛法。关羽当下心生惭愧，向智者大师求受戒。从此之后，这位古往今来极受敬重的一代英雄成为了佛门的大护法，即伽蓝菩萨，从而与韦驮菩萨并称佛门两大护法神。韦驮菩萨为左护法，伽蓝菩萨为右护法（从佛像正面往外看）。

②世禄：世代高官厚禄。禄：为官所领取的薪俸（工资）。南宋曾敏行《独醒杂志》卷一："沆之子孙皆荣显，至今世禄不绝。"

③沆：即包沆，嘉靖三十八年（1559）进士，授刑部主事，历任江西司员外、云南司郎中、湖广佥事等，四川参议致仕，享年六十九岁。

④柽（chēng）芳：即包柽芳（1534-1596）字子柳，号端溪，嘉靖三十五年（1556）进士，历任礼部主事、刑部主事、贵州提学使、吏部郎中等职。隆庆三年（1569）任通州盐运使判官，主持修筑"包公堤"，颇利国计民生。喜藏异书，善刻版印，著有《古辨》《古述》《今述》等。

【解读】

后来等到寺院修缮工程圆满，信之公还拉着我的老父亲去游览过，晚上就住宿在寺院里。信之公梦到寺院的伽蓝神前来道谢，并且说："你的子孙后代应当享受高官厚禄。"

以后他的儿子包汴，孙子包柽芳，都考上进士做了高官。

其十

嘉善^①支立^②之父，为刑房吏^③，有囚无辜陷重辟^④，意哀^⑤之，欲求其生。

囚语其妻曰："支公嘉意，愧无以报。明日延^⑥至下乡，汝以身事之，彼或肯用意，则我可生也。"

其妻泣而听命。

及^⑦至，妻自出劝酒，具告以夫意。支不听，卒^⑧为尽力平反之。

【注释】

①嘉善：今嘉善县，为浙江嘉兴市所辖，了凡先生祖籍。嘉善民风淳朴，学风甚好，物产丰饶，素以鱼米之乡、丝绸之府、文化之邦名扬天下。仅明清两代，嘉善县出状元二人、进士二百一十三人。嘉善是全国二十六个巍科大县之一，明清两代嘉善共有巍科十一人。巍科，犹高第，古代称科举考试名次在前者。

②支立：生卒不详，约明宪宗成化八年前后在世，字中夫（一作可与），明朝著名学者，以孝母闻名。明天顺中期（公元1461年前后）由举人官翰林院孔目，曾为常州学官，精于经学，时称"支五经"。支公著作今存《十处士传》一卷，入《四库总目》而传于世。

③刑房吏：古代在县衙里经办公事的人，分为吏、户、礼、兵、工、刑等六房，刑房吏是指刑房里文秘之类的办事员。

④重辟（pì）：极刑，死罪。唐代姚思廉《陈书·孔奂传》："沈炯为飞书所谤，将陷重辟，事连台阁，人怀忧惧，奂廷议理之，竟得明白。"南宋陆游《与尉论捕盗书》："此十许人，皆负重辟。"

⑤哀：同情，怜悯。《韩非子·用人》："忧悲不哀怜。"

⑥延：邀请。东晋陶渊明《桃花源记》："余人各复延之起家，皆出酒食。"

⑦及：介词。表示动作的时间。趁着、等到……的时候。《左传·僖公二十二年》："彼众我寡，及其未济也，请击之。"

⑧卒：副词。终于，终究。西汉司马迁《史记·李斯列传》："卒成帝业。"

【解读】

嘉善人支立的父亲，曾经是一名小小的刑房吏，有个囚犯遭人陷害被判了死罪，心里很同情他，想着寻求让他免于死罪的方法。

囚犯得知后告诉妻子说："支公要救我命的好心，我羞愧于无以报答。明天邀请支公到乡下家里去，你就拿身子侍奉他吧。这样他也许会更加愿意尽力，那么我就能够活命了。"

妻子只好哭泣着答应了。

等到支公到了那囚犯家里，囚犯妻子就主动亲自出来劝酒招待，趁机便把丈夫的用意全部告诉了支公。支公并没有听从，但依然竭尽全力为囚犯翻了案。

囚出狱，夫妻登门叩谢曰："公如此厚德，晚世①**所稀。**

今无子，吾有弱女②，送为箕帚妾③。此则礼之可通者。"

支为备礼④而纳⑤之。生立，弱冠中魁⑥，官至翰林孔目⑦。立生高，高生禄，皆贡⑧为学博⑨。禄生大纶⑩，登第。

【注释】

①晚世：近世，近来。西汉刘向《说苑·建本》："晚世之人，莫能闲居心里，鼓琴读书，追观上古。"

②弱女：指女孩儿、姑娘。清代蒲松龄《聊斋志异·胡氏》："先生车马官室，多不与人同，弱女相从，即先生当知其不可。"

③箕帚妾：持箕帚的奴婢，借作妻妾之谦称。这是古代嫁女儿的客套话，意思是女方拿着箕畚和扫帚，嫁到男方做侍妾，帮着扫扫地。《史记·高祖本纪》："臣有息女，愿为季箕帚妾。"

④备礼：礼仪周全。东汉蔡邕《郭有道碑》："州郡闻德，虚己备礼，莫之能致。"

⑤纳（nà）：娶。《诗经·邶风·新台序》："《新台》刺卫宣公也，纳汲之妻。"（汲：宣公之子）

⑥中魁：考中举人的第一名。明清乡试称解试，故中式的举人第一名称魁解，又称解元。

⑦翰林孔目：翰林：是古代官名，始于唐玄宗，开元二十六年（738）于文学侍从中选优秀人才充任翰林学士，专掌内命，由皇帝直接发出的极端机密文件，如任免宰相、宣布讨伐令等，有较大实权，当时号称"内相"，但尚无官职可言。北宋时翰林学士开始设为专职，辽正式有翰林院之称，元以翰林兼国史院设编修官十员。明代始以翰林院为正式衙门，翰林学士为翰林院最高长官，主管文翰，并备皇帝咨询，实权相当于丞相。清代沿用明代制度，设置翰林院，主管编修国史，记载皇帝言

行的起居注，进讲经史，以及草拟有关典礼的文件。长官为掌院学士，以大臣充任，属官如侍读学士、侍讲学士、侍读、侍讲、修撰、编修、检讨和庶吉士等统称为翰林。孔目：原指档案目录，后成为吏员名，也称孔目官。事无大小，一孔一目无不综理，故名。始于唐，唐集贤院有孔目官，以后历代各异。明制惟翰林院置孔目，没有品级，清朝沿袭明制翰林院设孔目官，满汉各一人，升为品官，秩从九品。

⑧贡：推荐，选举。南朝宋范晔《后汉书·章帝记》："举人贡士。"

⑨学博：唐制，府郡置经学博士各一人，掌以五经教授学生。后泛称学官为学博，相当于州县级的教官。

⑩大纶：即支大纶，生卒不详，字华平，号心易，万历二年（1574）进士，由南昌府教授擢升泉州府推官，谪江西布政使理问，终于奉新县知县，后辞官而归。著有《支子余集》《支华平集》等，《四库总目》对其著作有收录。

【解读】

囚犯出狱后，夫妻二人上门磕头致谢，说："恩公这样厚道的德行，近世以来真是稀有。现在您还没有儿子，我们有个女儿，想送给您当小妾。这件事是合乎礼法的。"

支公不好再拒绝，因此就礼仪周全地迎娶了他们的女儿。后来生下了支立，支立二十岁就考中了举人，名列第一，官至翰林孔目。支立生了支高，支高生了支禄，他们都被选拔成为了学官。后来支禄又生了支大纶，支大纶考中了进士。

（三）

凡此十条，所行不同，同归于善而已。

【解读】

以上总共十个例子，尽管发生的故事内容各不相同，但却都是存着善心来做善事，都是归属于积德行善，从而改变了自己乃至整个家族的命运。

精理十六第十二

（一）

若复精①而言之：则善有真有假；有端②有曲③；有阴④有阳⑤；有是有非；有偏有正；有半有满；有大有小；有难有易。皆当深辨。

为善而不穷理⑥，则自谓行持⑦，岂知造孽？枉费苦心，无益也！

【注释】

①精：细。

②端：端正，正直。

③曲：不正直。

④阴：不为人所知者。

⑤阳：为人所知者。

⑥穷理：穷究事物之理。《周易·说卦》："穷理尽性，以至于命。"南宋朱熹《行宫便殿奏札二》："为学之道，莫先于穷理；穷理之要，必在于读书。"

⑦行持：泛指修行。佛门指精勤修行，持守佛法戒律。净土宗六

祖永明延寿大师《万善同归集》卷三："是以佛法贵在行持，不取一期口辩。"

【解读】

如果再精细分析行善之事，就其性质而言：行善有真善，有假善；有直的善，有曲的善；有不为人知的善，有广为人知的善；有得当的善，有不得当的善；有偏的善，有正的善；有半满的善，有圆满的善；有大的善，有小的善；有难行的善，有易行的善。这一切都应当深入分辨才能够清楚的。

如果一味积德行善却没有弄明白其中的道理，那么就会自认为自己是在行善修行，实际上哪里知道自己是在造作罪孽呢？白白枉费了一番苦心，真的是徒劳无益啊！

（二）

其一

何谓真假？

昔有儒生①数辈②，谒③中峰和尚④，问曰："佛氏⑤论善恶报应，如影随形。今某人善，而子孙不兴；某人恶，而家门⑥隆盛。佛说无稽⑦矣。"

中峰云："凡情⑧未涤⑨，正眼未开⑩，认善为恶，指恶为善，往往有之。不憾己之是非颠倒，而反怨天之报应有差乎⑪！"

【注释】

①儒生：原指遵从儒家学说的读书人，后来泛指读书人。东汉王充《论衡·超奇篇》："故夫能说一经者为儒生，博览古今者为通人。"清代黄宗羲《柳敬亭传》："过江，云间有儒生莫后光见之，曰：'此子机变，可使以其技鸣。'"

②数辈：几位。数：几，几个。辈：放在数字后面，表示同类的人或物的多数，根据不同的语言环境译成不同的词。西汉司马迁《史记·秦始皇本纪》："高使人请子婴数辈，子婴不行。"

③谒（yè）：拜见，请见。《史记·萧相国世家》："上至，相国谒。"

④中峰和尚：即中峰明本禅师（1263—1323），元朝高僧，俗姓孙，号中峰、幻住、幻庵等，法号智觉，西天目山住持，钱塘（今杭州）人。师善根福德深厚，幼时稍通文墨即诵经不止，常伴灯诵至深夜，年二十有四赴天目山，受道于禅宗寺，白天劳作，夜仍孜孜不倦诵经学道，遂成一代高僧。仁宗曾赐号"广慧禅师"，并赐谥"普应国师"。师憩止处曰幻住山房，能诗善曲兼擅书法，与书法大家赵孟頫、散曲名家冯子振相交甚厚，佳话盛传不衰。著有《中峰和尚广录》传世，其中《中峰三时系念》流传甚是深广。

⑤佛氏：佛家，佛门。

⑥家门：家族，家世门第。南朝宋范晔《后汉书·虞诩传》："自此二十余年，家门不增一口，斯获罪於天也。"元代无名氏《合同文字》第二折："终有日际会风云，不枉了严亲教训能酬志。须信道古圣文章可立身，改换家门。"

⑦无稽（jī）：无从查考，没有根据。稽：考查，验证。《尚书·大禹谟》："无稽之言勿听，弗询之谋勿庸。"

⑧凡情：凡夫的情感欲望，即佛门所谓"自私自利、名闻利养、五欲

六尘、贪嗔痴慢"十六字。

⑨涤（dí）：清洗，清除。

⑩正眼未开：指正确认知宇宙人生真相的本能尚未恢复。正眼：佛门用语，指分辨正法的智慧，即"正法眼藏"。朗照宇宙谓"眼"，包含万有谓"藏"，故名之曰"正法眼藏"。禅宗用以指全部佛法（正法）。《景德传灯录·摩诃迦叶》："佛告诸大弟子，迦叶来时，可令宣扬正法眼藏。"《景德传灯录·希运禅师》："马大师下有八十八人坐道场，得马师正眼者，止三两人。"

⑪乎：语气词。用在句末表示疑问、反问，或表示感叹。这里表感叹。《孟子·滕文公上》："荡荡乎，民无能名焉。"

【解读】

什么是真善和假善呢？

从前有几位读书人，去拜见中峰大和尚，问道："佛门说善有善报、恶有恶报，就像一个人的影子紧紧伴随着他，丝毫都不会错过。现在某人心行善良，可是他的子孙后代却并不好；某人作恶多端，可是他的家门反而十分兴盛。由此看来，佛门的说法是毫无根据的。"

中峰大和尚说："凡夫的情感欲望没有洗涤干净，正确认知宇宙人生真相的本能尚未恢复，很容易受蒙蔽，把善当成恶，又把恶看作善，这也是常有的事情。这些人不去遗憾自己的是非标准颠倒了，却反而埋怨上天的报应有错误！"

众曰："善恶何致相反？"

中峰令试言其状^①。

一人谓詈人殴人是恶，敬人礼人是善。

中峰云："未必然也。"

一人谓贪财妄取^②是恶，廉洁有守^③是善。

中峰云："未必然也。"

众人历^④言其状，中峰皆谓不然。因请问。

中峰告之曰："有益于人是善，有益于己是恶。有益于人，则殴人、詈人皆善也；有益于己，则敬人、礼人皆恶也。"

是故人之行善，利人者公，公则为真；利己者私，私则为假。又根心者真，袭迹者假；又无为而为者真，有为而为者假。皆当自考^⑤。

【注释】

①中峰令试言其状：书局本作"中峰令试言"。

②妄取：没经过许可而擅自取用。西汉董仲舒《春秋繁露·五行相胜》："侵伐暴虐，攻战妄取。"

③有守：有操守，有节操。《尚书·洪范》："凡厥庶民，有猷有为有守，汝则念之。"

④历：逐个，一一地。《尚书·盘庚下》："历告尔百姓于朕志。"

⑤是故人之行善……皆当自考：书局本及一般流通本认为此节文字是中峰禅师之言，误。实则是了凡先生之正论。

公：公正，无私。《论语·尧曰》："宽则得众，信则民任焉，敏则有功，公则说。"

根心：出自本心，发自真正的内心。明代张居正《两宫尊号议》："臣仰见我皇上，大孝根心，纯切恳至，臣连日方欲以此上请。"

袭迹：这里指行善不是真正发自内心而是注重形式上模仿他人，只是做做样子。本义是沿袭他人的行径或者做法，即"取法"。《晋书·阮种传》："宜师踪往代，袭迹三五，矫世更俗，以从人望。"

无为：此处指无所希求而做。

有为：此处指存心有求才做。

考：考察。《尚书·周官》："王乃时巡，考制度于四岳。"《孟子·告子上》："所以考其善于不善者，岂有他哉，于己取之而已矣。

【解读】

大家说："那么，善恶报应为什么会相反呢？"

中峰大和尚让他们试着说说看。

一个人说，打人、骂人是恶，尊敬人、对人有礼貌是善。

中峰大和尚说："不一定是这样啊。"

一个人说，贪图财物而擅自取用是恶，廉洁而有节操就是善。

中峰大和尚说："不一定是这样啊。"

大家都逐一说了说自己关于善恶的看法，中峰大和尚都说不一定是这样。于是，大家就请中峰大和尚来解释解释，究竟什么才算是真正的善恶。

中峰大和尚告诉他们说："说话做事考虑问题，对国家社会或者他人有利益就是善；如果看上去好像是对国家社会或者他人有利益的善事，但实际上只是为了个人的自私自利，这就是恶。如果对他人真的有利益，那么就是打人、骂人也都是善；如果只是为了自己个人的利益，那么就是恭敬人、礼遇人也都是恶。"

因此，一个人积德行善是为了利益国家社会或者他人，这是出于公心，公心就真；如果积德行善只是为了利益自己，这是出于私心，私心就假。再说，积德行善是出自本心的就是真善，不是真正发自内心而去模仿他人搞形式花样的就是假善。更进一步说，如果积德行善没有任何目的企图的就是真善，如果存心是为了某种目的企图的则是假善。对于这一些道理，自己都应该要认真研究考察明白。

其二

何谓端曲？

今人见谨愿^①之士，类^②称为善而取^③之，圣人则宁取狂狷^④。至于谨愿之士，虽一乡皆好，而必以为德之贼^⑤。是^⑥世人之善恶，分明与圣人相反。推此一端^⑦，种种取舍，无有不谬。天地鬼神之福善祸淫^⑧，皆与圣人同是非，而不与世俗同取舍。

凡欲积善，决^⑨不可徇^⑩耳目，惟从心源^⑪隐微处，默默洗涤。

【注释】

①谨愿：此处指貌似谨慎诚实的样子。本义为谨慎诚实。西汉刘向《说苑·杂言》："谨愿敦厚可事主，不施用兵。"

②类：大多，大都。三国魏曹丕《与吴质书》："观古今文人，类不护细行，鲜能以名节自立。而伟长独怀文抱质，恬淡寡欲，有箕山之志，可谓彬彬君子者矣。著《中论》二十余篇，成一家之言，词义典雅，足传于后，此子为不朽矣。"

③取：选取而交往。《孟子·离娄下》："夫尹公之他，端人也，其取友必端。"

④狂狷（juàn）：狂：指志存高远，纵情任性，骄傲自大，但勇往直前，敢作敢为，即义气奔放而志在进取之人。狷：指为人耿直拘谨，洁身自好，安分守己，不求有所作为，但绝不同流合污，即品行高洁而有原则之人。《论语·子路》："子曰：'不得中行而与之，必也狂狷乎！狂者进取，狷者有所不为也。'"

⑤德之贼：败坏道德者。贼：败坏，危害，侵害。《论语·阳货》："乡愿，德之贼也。"

⑥是：这样看来，由此看来。《韩非子·孤愤》："是明法术而逆主上者，不戮于吏诛，必死于私剑矣。"

⑦一端：此处指事情的一斑。

⑧淫：邪恶，奸邪。《左传·昭公三十一年》："善人劝焉，淫人惧焉。"

⑨决：一定。南宋胡铨《戊午上高宗封事》："况丑虏变诈百出，而伦又以奸邪济之，则梓宫决不可还，太后决不可复，渊圣决不可归，中原决不可得。而此膝一屈，不可复伸，国势陵夷，不可复振，可为痛哭流涕长太息矣。"

⑩徇（xún）：顺从，依从。《左传·文公十一年》："国人弗徇。"

⑪心源：此处指内心深处。佛门将"心性"也称为"心源"。佛门认为宇宙世界、人生万物是"唯心所现，唯识所变"，因此视心为万法之源，故谓之曰"心源"。唐代元稹《度门寺》诗："心源虽了了，尘世苦憧憧。"

【解读】

什么是直善和曲善呢？

现在一般人看到貌似谨慎诚实样子的人，大都称赞是好人而选取与他交往，可是圣人孔子宁可选取那些狂者和狷者交往。至于那些貌似谨慎诚实的人，虽然周围的人全都喜欢他，但是孔子却认为他是败坏道德之人。由此看来，世间一般人眼中的善恶，分明和圣人眼中的善恶是截然相反的。从这个事例推究开来，世间许许多多的是非取舍，无不是错误乃至荒谬的。天地鬼神造福好人，祸害恶人，这和圣人对于善恶的标准是相同的，却不同于世俗之见。

因此而言，凡是想要积累善行，一定不可以顺从于自己眼睛喜欢看的和耳朵喜欢听的，务必不要自己被自己骗了，必须从内心最为隐微的深处，默默地省察自己的起心动念并且加以净化。

纯是济世之心则为端，苟有一毫媚世之心①即为曲；纯是爱人之心则为端，有一毫愤世之心即为曲；纯是敬人之心则为端，有一毫玩②世之心即为曲……皆当细辨。

【注释】

①媚世之心：佛门把贪、嗔、痴、慢、疑五种心称为"五毒心"。因这五种心使人们造作恶业，就像毒药会妨碍人们修行，故称为五毒。五毒不除，心就不会真诚清净。"媚世之心"实则是贪心，而下文"愤世之心""玩世之心"当乃嗔心和慢心。了凡先生深谙儒释道诸法，学人诸君当细细含玩。

②玩：轻视，习惯而不经心。《左传·僖公五年》："寇不可玩。"

【解读】

全是济世救人的心就是直善，假若有一丝一毫贪恋攀缘媚俗的念头就是曲善；全是爱人的心就是直善，假若有一丝一毫嗔恨生气的念头就是曲善；全是恭敬别人的心就是直善，假若有一丝一毫轻视不恭的念头就是曲善……这些都要仔细辨别清楚。

其三

何谓阴阳？

凡为善而人知之，则为阳善；为善而人不知，则为阴德。

阴德，天报之；阳善，享世名。

名，亦福也。名者，造物①所忌。世之享盛名而实不副②者，多有奇祸；人之无过咎③而横被④恶名者，子孙往往骤发。

阴阳之际⑤微矣哉!

【注释】

①造物:此处指上天。

②副:符合。

③过咎(jiù):过失,错误。南朝宋范晔《后汉书·循吏传·秦彭》:"吏有过咎,罢遣而已。"《北史·韦世康传》:"闻人之善,若己有之,亦不显人过咎,以求名誉。"

④横被(pī):意外蒙受,意外遭受。横:意外,突然。被:蒙受,遭受。西汉杨恽《报孙会宗书》:"怀禄贪势,不能自退,遂遭变故,横被口语,身幽北阙,妻子满狱。"

⑤际:一说界线、差别,一说彼此之间。皆通,今从前者。

【解读】

什么是阴善和阳善呢?

凡是做了善事让别人知道,就是阳善;做了善事却不为他人所知,就是阴德。

如果一个人积了阴德,上天必定会报答他;至于阳善,他只能享受世间的名气。

能够享受名气,实际上也是一种福报。不过,名气大却为上天所忌讳。世间那些享有盛名却又名不副实的人,经常会遭遇一些出人意料的飞来灾祸;那些没有过错而意外蒙受恶名的人,子孙后代往往会突然飞黄腾达起来。

由此而看,阴德和阳善之间的果报差别,实在是非常细微啊!

其四

何谓是非？

鲁国①之法，鲁人有赎②人臣妾③于诸侯，皆受金于府④。子贡⑤赎人而不受金。

孔子闻而恶⑥之，曰："赐失之⑦矣。夫圣人举事，可以移风易俗，而教道⑧可施于百姓，非独适⑨己之行也。今鲁国富者寡而贫者众，受金则为不廉，何以相赎乎？自今以后，不复赎人于诸侯矣。"

子路⑩拯人于溺，其人谢之以牛，子路受之。

孔子喜曰："自今鲁国多拯人于溺矣。"

【注释】

①鲁国：周朝的诸侯国，为周公封地。

②赎：用财物把人换回。

③臣妾：此处指俘虏或者奴隶。西周、春秋时对奴隶的称谓。男奴叫臣，女奴叫妾。《尚书·费誓》："逾垣墙，窃马牛，诱臣妾，汝则有常刑。"也作为地位低贱者的称谓。《尚书传》："役人贱者，男曰臣女曰妾。"《周礼注》曰："臣妾，男女贫贱之称。"还作为所属臣下的称谓。《左传·僖公十七年》："男为人臣，女为人妾。"

④府：此处指政府的财政部门。

⑤子贡：复姓端木，名赐，字子贡。卫国人。孔子得意门生，"孔门十哲"之一，"受业身通"弟子之一，少孔子三十一岁。其能言善辩，办事

通达，曾任鲁国、卫国之相。子贡善于经商，也是中国民间所信奉的财神，其所谓"君子爱财，取之以道"之诚信经商的"端木遗风"，为后世商界所推崇，盛传千古不衰。唐开元二十七年追封为"黎侯"，宋大中祥符二年加封为"黎公"，明嘉靖九年改称"先贤端木子"。《史记》对子贡评价颇高。

⑥恶（wù）：讨厌，不喜欢。《荀子·天论》："天不为人之恶寒也辍冬。"

⑦失之：此处指做错事。

⑧教道：同"教导"。一说教化之道，亦通。《礼记·月令》："山林薮泽，有能取蔬食、田猎禽兽者，野虞教道之。"东汉班固《汉书·郑崇传》："朕幼而孤，皇太后躬自养育，免于襁褓，教道以礼，至於成人，惠泽茂焉。"颜师古注："道读曰导。"

⑨适：满足。《战国策·魏策一》："攻楚而适秦。"

⑩子路：姓仲，名由，字子路，又字季路。鲁国人。孔子得意门生，"孔门十哲"之一，少孔子九岁。二十四孝之一。仲由以政事见称，为人伉直，好勇力，曾随孔子周游列国。

【解读】

什么叫是善和非善呢？

从前鲁国的法律规定，凡是鲁国人如果把在其他诸侯国那里沦为奴隶的同胞赎回来，都能得到官府的补偿和奖励。子贡把人赎回来，却没有接受官府的补偿和奖励。

孔子听说后并不喜欢子贡的这种做法，说："子贡把这件事做错了。圣人做事的目的，在于教化社会大众移风易俗，这样圣人的教导才能够在百姓那里得以施行，而并非仅仅是为了满足个人的需求才去做事的。现在鲁国富人少而穷人多，如果接受了官府的补偿和奖励就认为是贪财，那么还有谁愿意去赎回那些人呢？从此之后，鲁国恐怕不会再有人愿意出钱从诸侯国那里赎人的了。"

子路拯救了一个落水的人，那人感谢他的救命之恩而送来一头牛，子路接受了。

孔子高兴地说："从此之后，鲁国就会有很多拯救落水的人了。"

自俗眼观之，子贡不受金为优，子路之受牛为劣，孔子则取由而黜①赐焉。乃知人之为善，不论现行②而论流弊③；不论一时而论久远；不论一身而论天下。现行虽善，而其流足以害人，则似善而实非也；现行虽不善，而其流足以济人，则非善而实是也。

然，此就一节论之耳。他如非义之义，非礼之礼，非信之信，非慈之慈④，皆当抉择⑤。

【注释】

①黜（chù）：摈弃，消除。此处指贬斥并含有责备之义。

②现行：此处指眼前所做的事情。

③流弊：指某事引起的坏作用，也指沿袭下来的弊端或者是衍生出来的后遗症。流：流行，传布。西晋陈寿《三国志·魏志·杜恕传》："今之学者，师商韩而上法术，竞以儒家为迂阔，不周世用，此最风俗之流弊，创业者之所致慎也。"

④非义之义……非慈之慈：有些事看起来像是合乎义理，但实际上并不符合义理；有些事看起来像是合乎礼制，但实际上并不符合礼制；有些事看起来像是诚信，但实际上并不是诚信的；有些事看起来像是慈悲，但实际上并不是慈悲的。书局本及一般流通本解释的大致意思是：有些事像是不义而其实是义的，有些事像是无礼但其实是有礼的，有些事像是不诚信但其实是诚信的，有些事像是不慈爱但其实是慈爱的。误。《孟子·离娄下》"孟子曰：'非礼之礼，非义之义，大人弗为。'"

⑤抉择：挑选，选择。明代王廷相《雅述》上篇："九流百氏罔知抉择，循世俗之浅见……"

【解读】

从一般世俗的眼光来看待这两件事，子贡不接受官府的补偿和奖励是好的，子路接受人家的牛是不好的，可是孔子却赞许子路而责备子贡。由此而知，我们应当这样看待人们行善：

不要只根据当时的行为，来判断事情的好坏，要分析其所衍生出来的后遗症；不要只看当时的对错与否，而要想到久远的影响；不要看对自己是否有利益，而必须要看对天下人是否有利益。虽然看上去现在是善事，但是其影响的结果却足以害人，那就是表面上像善事而实际上却并非善事；虽然看上去现在不是善事，但其影响的效果却足以救助他人，那就是表面上不像善事而实际上却是善事。

不过，这还只是根据一个例子来加以研讨罢了。譬如其他：有些事看起来像是合乎义理，但实际上并不是符合义理的；有些事看起来像是合乎礼制，但实际上并不是符合礼制的；有些事看起来像是诚信，但实际上并不是诚信的；有些事看起来像是慈悲，但实际上并不是慈悲的……对于诸如此类的问题，都应当仔细分辨清楚，作出正确的判断和选择。

其五

何谓偏正？

昔吕文懿①公，初辞相位，归故里，海内②仰之，如泰山北斗③。

有一乡人④醉而詈之，吕公不动，谓其仆曰："醉者，勿与较也。"闭门谢⑤之。逾年⑥，其人犯死刑入狱。

吕公始悔之，曰："使⑦当时稍与计较，送公家⑧责治⑨，可以小惩而大戒⑩。吾当时只欲存心于厚，不谓⑪养成其恶，以至于此！"

此以善心而行恶事者也。

【注释】

①吕文懿：即吕原（1418—1462），字逢原，号介庵，秀水（今浙江嘉兴）人，正统七年（1442）进士，授翰林院编修。历官翰林学士、右春坊大学士等职，并入内阁，曾编修《历代君鉴录》《寰宇通志》。天顺六年（1462）遭母丧，因哀毁过度，于同年十一月二十七日卒，终年四十五岁。明英宗闻讯震悼，为其辍朝一日，追赠礼部左侍郎，谥号文懿。吕公

家贫喜读书，博涉经史，擅文章；内刚外和，与世无争，个性节俭，身无纨绮。其人其事，"生荣死哀，昭示终古"。有《吕文懿公全集》传世。

②海内：指国境之内，即全国。古代认为中国疆土四面为海所环抱，因此称国境以内为海内。《孟子·梁惠王下》："海内之地，方千里者九。"唐代王勃《杜少府之任蜀州》诗："海内存知己，天涯若比邻。"

③泰山北斗：比喻德高望重而为当世所敬仰的人。泰山巍巍，五岳独尊；北斗灿灿，群星之最。《新唐书·韩愈传赞》："自愈没，其言大行，学者仰之如泰山北斗云。"

④乡人：此处指的是同乡的人，即乡民。《左传·庄公十年》："公将战，曹刿请见，其乡人曰：'肉食者谋之，又何间焉。'"

⑤谢：拒绝。此处指不理会。北宋欧阳修《故霸州文安县主簿苏君墓志铭》："年二十七，始大发愤，谢其素所往来少年。"

⑥逾年：超过一年的时间。南宋周密《齐东野语·许公言》："未数月，子冲一夕无疾而亡，逾年，金入寇。"

⑦使：假使，假若。《论语·泰伯》："如有周公之才之美，使骄且吝，其余不足观也已。"

⑧公家：公室，国家。泛指官府。《左传·僖公九年》："公家之利，知无不为，忠也。"

⑨责治：责备并惩处，即治罪。西汉司马迁《史记·吴王濞列传》："京师知其以子故称病不朝，验问实不病，诸吴使来，辄系责治之。"

⑩小惩而大戒：语本《周易·系辞下》："小惩而大戒，此小人之福也。"意为有小过失就要惩罚，使受到教训而不至于犯错误。

⑪不谓：没有意料到。谓：意料。北宋王谠《唐语林》："不谓严挺之乃有此儿也。"

【解读】

什么是偏善和正善?

从前,吕文懿公刚刚辞去了宰相的职位,回到了家乡,当时天下人都非常敬仰他,如泰山北斗。有一位乡民喝醉了酒大骂吕公,吕公并不为所动,告诉仆人说:"这个人喝醉了,就不要和他计较了。"并且关上门不理会他。一年以后,那人因为犯了死罪而锒铛入狱。

吕公这才后悔地说:"假若当时稍微和他计较计较,送到官府治罪,就能够通过这小小的惩罚使他心怀惧怕了。我当时只是想到自己要存心仁厚,却没有想到竟然养成了他的大恶,以至于发展到今天这等地步!"

这是用善心却做了坏事的例子。

又有以恶心而行善事者。

如某家大富,值①岁荒②,穷民白昼抢粟③于市④。告之县,县不理,穷民愈肆。遂私执⑤而困辱⑥之,众始定。不然,几⑦乱矣!

【注释】

①值:遇到。

②岁荒:荒年。

③粟:谷子。泛指粮食。

④市:市场,集市,街市。

⑤执:捉拿,拘捕。《公羊传·桓公十一年》:"涂出于宋,宋人执

之。"

⑥困辱：泛指惩罚侮辱。《旧唐书·忠义传下·高沐》："虽不死，备尝困辱矣。"

⑦几：副词。可译为"将近""几乎""差一点""差不多"等。《左传·僖公十四年》："秋八月辛卯，沙鹿崩。晋卜偃曰：'朞年将有大咎，几亡国。'"

【解读】

还有用坏心却反而做了善事的例子。

例如某个大富人家，正好碰上了荒年，有些穷人公然地在大街上抢夺粮食。富人家就将这件事告到了县官那里，县官却没有理睬这事，于是这些穷人就更加放肆了。富人家无奈之下，就私自把那些穷人给抓了起来，并加以惩罚侮辱，大家方才稳定了下来。如果不是这样，差一点就酿成了大乱子啊！

故①**善者为正，恶者为偏，人皆知之。其以善心而行恶事者**②**，正中偏也；以恶心而行善事者，偏中正也。不可不知也**③**。**

【注释】

①故：副词，通"固"，本来。《韩非子·难一》："微君言，臣故将竭之。"《史记·李将军列传》"程不识故与李广俱以边太守将军屯。"

②其以善心而行恶事者：书局本作"其以善心行恶事者"。

③不可不知也：书局本作"不可不知"。

【解读】

本来善的事情就是正的，恶的就是偏的，这是众所周知的道理。至于那些本来怀着善心，后来却反而演变成做了恶事的，是正中之偏；而怀着恶心却变成了做了善事的，是偏中之正。这些道理，不可不知道。

其六

何谓半满？

《易》曰："善不积，不足以成名；恶不积，不足以灭身。"①

《书》曰："商罪贯盈②。"

如贮物于器③，勤而积之则满，懈而不积则不满。

此一说也。

【注释】

①《易》曰之句：语出《周易·系辞下传》，意思是善行不积累，就不能成就其美名；恶行不积累，就不会灭亡自身。有学者认为《周易》经三古，历三圣，究天人之际，其道理非常简单，无非两言：一则是"积善之家，必有余庆；积不善之家，必有余殃"。一则是"善不积，不足以成名；恶不积，不足以灭身"。易者，易也。诚哉！

②商罪贯盈：出自《尚书·泰誓上》，全句原文："商罪贯盈，天命诛之。"意思是商纣王的罪恶就像穿钱那样把一根绳索穿得满满的，上天下达了命令要诛杀他。商：商纣王。贯：穿钱的绳索。盈：满。后世以"恶

贯满盈"为成语，形容罪大恶极。

③如贮（zhù）物于器：如同在器具里储藏东西。贮：积存，储藏。器：泛指器具。书局本及一般流通本多谓"如贮物于器"出自《尚书》，即"《书》曰：'商罪贯盈，如贮物于器。'"误。

【解读】

什么是半善和满善？

《周易》说："善事如果不去积累，就不能够成就其美名；恶事如果不去积累，就不会惹来杀身之祸。"

《尚书》说："因为商纣王恶贯满盈，所以上天命令诛杀他。"

如同在器具里储藏东西那样，勤奋努力地去积累，很快就会装满，如果懈怠散漫不积累，就不会装满。

这是关于半善和满善的其中一种说法。

昔有某氏女入寺，欲施①而无财，止②有钱二文，捐而与之，主席③者亲为忏悔。及后入宫富贵，携数千金入寺舍④之，主僧⑤惟令其徒回向而已。

因问曰："吾前施钱二文，师亲为忏悔，今施数千金，而师不回向。何也？"

曰："前者物虽薄⑥，而施心甚真，非老僧亲忏，不足报德。今物虽厚，而施心不如前日之切⑦，令人代忏足矣。"

此千金为半，而二文为满也。

【注释】

①施：施舍，布施。《左传·昭公十三年》："施舍不倦，求善不厌。"

②止：副词。只是，仅。《庄子·天运》："止可以一宿，而不可久处。"

③主席：寺观住持。僧人所居曰寺，道士所居曰观。《金史·食货志一》："寺观主席亦量其赀而鬻之。"明代高启《送示上人序》："其主席若无言宣、白云聚，又皆贤而与余善。"

④舍：施舍，布施。

⑤主僧：即寺院住持。

⑥薄：少，微小。《周易·系辞下》："德薄而位尊，智小而谋大，力小而任重，鲜不及矣。"《荀子·非相》："知行浅薄。"

⑦切（qiè）：恳切率直，深切。此处指真诚恳切。西汉司马迁《史记·主父偃列传》："臣闻明主不恶切谏以博观。"三国魏嵇康《与阮德如》诗："念哀还旧庐，感切伤心肝。"

【解读】

从前有户人家的姑娘来到了寺院，想着布施供养却没有财物，身上只有两文钱，就全部捐给了寺院，寺院的住持师父亲自为她忏悔。到后来，这姑娘被选入皇宫富贵了，就携带了几千两银子来寺院布施，可是住持师父只不过让他的徒弟给她做了个回向罢了。

她对此很是不理解，就请问住持师父说："我从前只是布施了两文钱，师父您就亲自为我忏悔。现在我布施了几千两银子，师父您却没有亲自为我做回向。这是什么原因呢？"

住持师父回答说："你前一次布施的财物虽然很微薄，但是你布施的心却很真诚，如果我不亲自为你忏悔祈福，不足以报答你这份真诚的恩德。现在你布施的财物虽然很厚重，但你布施的心却不如从前那样真诚恳切，因此让人代我为你忏悔也就足够了。"

这就是千金为半善，可是二文钱却是满善的道理。

钟离^①授丹于吕祖^②，点铁为金，可以济世。

吕问曰："终变否？"

曰："五百年后，当复本质。"

吕曰："如此则害五百年后人矣，吾不愿为也！"

曰："修仙要积三千功行^③。汝此一言，三千功行已满矣。"

此又一说也。

【注释】

①钟离：即钟离权祖师，神仙汉钟离。唐五代道士，陕西咸阳人，八仙之一，道教全真派北五祖之一，尊为"正阳祖师"。元世祖尊其为"正阳开悟传道真君"，元武宗又尊为"正阳开悟传道重教帝君"。按《集仙传》记载：祖师字云房，不知何许人，唐末入终南山。《宣和书谱》说："神仙钟离先生不知是何时人，自称生于汉，吕洞宾对他执弟子礼。"

②吕祖：即吕洞宾祖师，名岩，一名岩客，号纯阳子，自称回道人，河中永乐（今属山西）人。唐末道士，八仙之一，全真道奉为五祖之一，道教大宗师。目前道教全真派北派（王重阳真人的全真教）、南派（张紫阳真

人)、东派（陆潜虚）、西派（李涵虚），还有隐于民间的道门教外别传，皆自谓源于吕祖。据典籍记载，吕祖四十岁遇郑火龙真人传剑术；六十四岁遇钟离权祖师传丹法，道成之后，普度众生，被尊为剑祖剑仙。其"百余岁而童颜，步履轻疾，顷刻数百里，世以为仙"。吕祖以慈悲度世为成道之路径的理论，以及改外丹为内功、改剑术为断除贪嗔、爱欲和烦恼的智慧等，对后世道教教理产生了久远的影响。

③功行（hèng）：僧道等修行的功夫，功德。唐代吕岩（吕祖）《五言》诗："二十四神清，三千功行成。"

【解读】

当初钟离祖师传授丹术给吕祖，其中有一种法术能够点铁成金，可以用来救济世人。

吕祖就问："这种金子最终还能否变回去？"

钟离祖师说："等到五百年以后，应当恢复它原来的样子。"

吕祖说："如果是这样的话，就会祸害五百年以后的人，我可不愿意做这种事情！"

钟离祖师说："修炼成仙先要积累三千件功德。你就凭这一句话，三千件功德已经圆满了。"

这是半善和满善的另一种说法。

又为善而心不着①善，则随所成就，皆得圆满。心着于善，虽终身勤励②，止于半善而已。

譬如以财济人。内不见己，外不见人，中不见所施之物，

是谓"三轮体空^③"，是谓"一心清净^④"。则斗粟可以种无涯之福，一文可以消千劫之罪。倘此心未忘，虽黄金万镒^⑤，福不满也。

此又一说也。

【注释】

①着：执着。此处指心里惦念着已经做过的事。

②勤励：亦作"勤厉"。勤奋，勉励。南朝沈约《宋书·王韶之传》："韶之在郡，常虑为弘所绳，夙夜勤励，政绩甚美，弘亦抑其私憾。"

③三轮体空：佛门用语。指布施的事情做完后，心里完全不会惦念。这是布施时应有的态度，又称三事皆空、三轮清净。指布施时不执着能施之我、受施之人、所施之物三轮，是名"三轮体空"，即施空、受空、施物空。施空：指能施之人体达我身本空，既知无实在的能施之我，布施时无希求福报之心，布施时本应不抱可得回报之心。受空：指体达本无能施之人，故对受者不起慢心。施物空：指了达资财珍宝一切所施物品，本性为空，以告知所施之人对所施物品不应起贪惜心。

④清净：指远离恶行与烦恼。佛门认为，远离恶行的过失，远离烦恼的污染，心清净则一切清净，就是真正清净。《俱舍论》卷十六："远离一切恶行烦恼垢故，名为清净。"佛门修行通常有两种清净：其一、离恶行的过失，断烦恼的垢染，叫做清净，这是障尽解脱的离垢清净；其二是指超诸善恶的纯净纯善，即自性清净。

⑤镒（yì）：古代重量单位，合二十两，一说二十四两为一镒。

【解读】

再就是虽然做了善事，但是心中并不去惦念自己所做过的那些善事，那么自己随缘做什么样的善事，都能够功德圆满。如果心中总是念念不忘做过的善事，即使自己终生都很勤奋努力行善，也只不过是半善罢了。

譬如用财物来救济帮助他人。如果做到内不执着（惦念）于能够布施的我，外不执着于受到布施的人，中间不执着于布施之物。这三者完全不放在心上，就是佛门所说的"三轮体空"，也可以说是"一心清净"而不留痕迹。

如果能够做到这个样子。那么，即使是一斗米的布施，也能够种下无量无边的福田；就算是一分钱，也可以足足消除千万劫积累的罪业。倘若是心不清净，念念不忘，即使布施黄金千千万，所得的福报也不会圆满的。

这又是半善和满善的另一种说法。

其七

何谓大小？

昔卫仲达为馆职①，被摄②至冥司③，主者命吏呈善恶二录。比④至，则恶录盈庭⑤，其善录一轴⑥，仅如箸⑦而已。索秤称之，则盈庭者反轻，而如箸者反重。

仲达曰："某⑧年未四十，安得过恶如是多乎？"

曰："一念不正即是，不待犯也。"

因问轴中所书何事。

曰："朝廷尝兴大工⑨，修三山⑩石桥，君上疏⑪谏⑫之。

此疏稿⑬也。"

仲达曰："某虽言，朝廷不从，于事无补，而能有如是之力⑭？"

曰："朝廷虽不从，君之一念，已在万民。向使⑮听从，善力更大矣。"

故志在天下国家，则善虽少而大；苟在一身，虽多亦小。

【注释】

①卫仲达为馆职：卫仲达在馆阁任职。一说卫仲达在翰林院任职，不妥。

卫仲达：宋朝官吏，生卒不详。

馆职：宋时在馆阁任职的官员称馆职。宋初沿袭唐制，置史馆、昭文馆、集贤院，合称三馆，都在崇文院内，后来又在崇文院内增建秘阁，另置官属，三馆和秘阁总称崇文院。三馆有直馆、直院、修撰、检讨等官，秘阁有直阁、校理等官，这些官都称为馆职，掌管三馆、秘阁典籍的编校。宋神宗元丰年间改革官职，崇文院并入秘书省，秘书省的著作郎、校书郎等也叫做馆职。北宋馆职要求很严，一般文士要经过考选才能授职，南宋后授予渐滥，不像北宋受人重视。明清时称翰林院、詹事府官员为馆职。

②摄：拘捕。《国语·吴语》："摄少司马兹与王士五人。"

③冥司：阴间，阴曹地府。阴间的长官亦称"冥司"。

④比：等到。

⑤庭：公堂，官署。《旧唐书·李适之传》："昼决公务，庭无留事。"

⑥轴：卷。

⑦箸（zhù）：筷子。

⑧某：谦称。常用在对话或书信中，相当于"我"。

⑨工：即工事。原指各种技艺制作、土木营造之事。

⑩三山：福建省福州市古代的别名。福州有三山，即九仙山（于山）、闽山（乌山）、越王山（屏山），故名。

⑪上疏：臣下向皇帝进呈奏章，也指奏章。唐代杜甫《遣兴》诗之四："上疏乞骸骨，黄冠归故乡。"

⑫谏：规劝君主、尊长或朋友，使之改正错误和过失。《论语·微子》："往者不可谏，来者犹可追。"

⑬疏稿：奏疏的草稿，亦作"疏橐"。稿：诗文的草稿。

⑭力：此处指功德力量。

⑮向使：假如，假使。唐代白居易《放言五首》其三："向使当初身便死，一生真伪复谁知。"

【解读】

什么是大善和小善？

从前有个叫卫仲达的人在馆阁任职，后来被抓到了阴曹地府，阎罗王命令鬼吏把他在人间所做善恶的两种记录簿呈报上来。等到那些记录簿全部送上来一看，但见记录恶事的簿子竟然堆满了公堂，而那记录善事的簿子却只有一卷轴，不过像筷子那么粗细。找来秤一称量，堆满公堂的那些记录恶事的簿子反而轻，而像筷子粗细的善的记录却反而重。

卫仲达很纳闷，就问："我年龄还不到四十岁，怎么就会有这么多的罪恶过错？"

阎罗王回答说:"一个念头不正就算是造恶,不用等到你犯了才算数。"

于是,卫仲达就问那卷轴中所记录的是什么事。

阎罗王说:"朝廷曾经大兴土木工程,要修建三山这个地区的石桥,您向皇帝进呈奏章劝阻过此事。这是疏奏的草稿。"

卫仲达说:"我虽然上疏规劝,但是朝廷并没有采用,于事无补,怎么会有这么大的功德力量?"

阎罗王说:"朝廷虽然没有采纳,但是您这一念无私真诚之心,已经是在为天下老百姓着想了。假如朝廷采纳了,那么这种善业的功德力量就更大了。"

因此,假若一个人念念为国家社会和人民着想,即使所做的善事很小,而获得的功德和福报却很大;假若念念为自己个人家庭私利着想,即使善事做得再多,然而取得的功德和福报却是很小的。

其八

何谓难易?

先儒①谓克己②须从难克处克将③去。夫子④论为仁⑤,亦曰"先难⑥"。

【注释】

①先儒:泛指古代儒者。也专指因阐发儒学而被允许从祀孔庙的

著名人物，为孔庙祀祭第四等（一等"四配"、二等"十二哲"、三等"先贤"）。始于唐贞观二十一年（647），太宗命以左丘明、公羊高等二十二人从祀孔庙，后经历代增添、改换，到公元一九一九年增至七十七人。先儒在大成殿两庑南部从祀，位于先贤之后。

②克己：克制私欲，约束自己。克：克制，约束，抑制。己：自己，此处指个人的私欲。《论语·颜渊》："克己复礼为仁，一日克己复礼，天下归焉。为仁由己，而由人乎哉？"

③将：助词。加在动词后，没有实际意义。唐代白居易《长恨歌》："惟将旧物表深情，钿合金钗寄将去。"

④夫子：孔子。孔门尊称孔子为夫子，而后因以特指孔子，后世亦沿称老师或者学者等为夫子。

⑤仁：这是中华优秀传统文化中含义极为广泛并且极为深邃的道德观念，是一切人、一切事、一切物乃至一切学问的根本，包括了孝、弟（悌）、忠、恕、礼、智、勇、恭、宽、信、敏、惠等内容，其核心是人与人之间相互亲爱。据杨伯峻《论语字典》统计，"仁"字在《论语》中出现了一百零九次，其中可以理解为孔子阐述道德标准的有一百零五次。孔子把"仁"作为最高的道德原则、道德标准和道德境界，把整体的道德规范集于一体，形成了以"仁"为核心的伦理思想结构，其中"孝悌"是仁的基础，而"克己复礼""己所不欲，勿施于人""己欲立而立人，己欲达而达人"等则是践行"仁"的主要方法。

⑥先难：先付出劳动然后再取得收获。此处指克制私欲要从最难克制的地方下手。《论语·雍也》："仁者，先难而后获，可谓仁矣。"

【解读】

什么是难善和易善？

古代有见识的读书人认为，克制自己的私欲，必须从最难

克制的地方下手。孔子在谈论什么是仁道的时候，也曾经说过
"要先从最难的地方做起"。

必如江西舒翁①，舍二年仅得之束脩②，代偿官银，而全
人夫妇；与③邯郸④张翁，舍十年所积之钱，代完⑤赎银，而
活人妻子⑥。皆所谓难舍处能舍也。

如镇江⑦靳翁，虽年老无子，不忍以幼女为妾，而还之
邻。此难忍处能忍也。

故天降之福亦厚。

【注释】

①翁：泛指老人。唐代杜甫《客亭》诗："圣朝无弃物，老病已成
翁。"

②束脩：捆在一起的一束干肉，每束十条。古代常用作馈赠的一般
性礼物。《论语·述而》："自行束脩以上，吾未尝无诲焉。"后来多指赠
送给教师的酬金。

③与：连词。这里相当于"或者""还是"。《晏子春秋·问下》：
"正行则民遗，曲行则道废。正行而遗民乎，与持民而遗道乎？"

④邯郸（hán dān）：今邯郸市。现为河北省所辖地级市，国家历史
文化名城。

⑤完：偿付或者缴纳。明代方文《喜雨》诗："私廪尚不实，公税何以
完。"

⑥妻子：妻子和儿女。妻：妻子。子：子女。

⑦镇江：今镇江市。现为江苏省所辖地级市，是全国闻名的江南鱼

米之乡，素有"天下第一江山"之美誉。

【解读】

务必要像江西的舒老人家那样，拿出两年教书所得的全部酬金，这全家仅有的收入，代替一对贫穷夫妇偿还了官府的银钱，从而保全了这对夫妇；或者像邯郸那位张老人家，把十年积攒下来的钱全部拿出来，代替他人缴纳上了赎金，从而救活了那人的老婆孩子。这是所谓的难以割舍却能够割舍的事例。

例如，镇江的靳老人家，虽然年老无子，却不忍心娶邻居的幼女为妾，把她送还给了邻居。这是难以忍耐却能够忍耐的例子。

因此，上天对于难舍能舍和难忍能忍的人，回报的福报也是很丰厚的。

凡有财有势者，其立德皆易，易而不为，是为自暴^①；贫贱作福皆难，难而能为，斯^②可贵耳。

【注释】

①自暴：自我糟蹋伤害。《孟子·离娄上》："自暴者，不可与有言也；自弃者，不可与有为也。"暴：糟蹋，损害。弃：鄙弃。

②斯：指示代词，此。北宋范仲淹《岳阳楼记》："微斯人，吾谁与归？"

【解读】

大凡是有财有势的人，他们积功累德都很容易，容易却不去做，这实在是自我糟蹋福报；至于那些贫贱的人，行善修福是很艰难的，艰难却能够努力去做，这就显得难能可贵了。

附：

舒老全人夫妇故事梗概

江西的舒老在湖广一带教私塾，两年后偕同一起来教书的十多位先生乘船返乡。中途休息，舒老上岸散步，听到一位妇人哭得非常悲伤，于是就上前问询。妇人告诉舒老，她丈夫欠了官府十三两银子，如果还不上就把丈夫关进大牢。可是家里很穷，实在拿不出那些银子，丈夫又不想坐牢，于是就决定要把她卖了。卖了她以后，她那年幼的儿子就没人哺育了，因此无奈而悲伤。舒老决定帮助这位妇人，就去和同行的人商量，希望每人拿出一两银子来帮助她。可是，不但没有一人出手相助，大家还劝阻舒老不要管这件事。舒老不忍心见死不救，于是就把自己两年教书所得的全部报酬送给了那位妇人。舒老也十分贫穷，回来时家中已经没有米下锅了，太太还埋怨他没拿回钱来，舒老如实而告。太太觉得他做得对，便不再抱怨了，只好出去挖了些野菜充饥。晚上睡觉，就听到有人在窗外说："今晚吃苦菜，明年生状元。"夫妇二人赶紧起床，向天地拜谢。第二年就生了儿子舒芬，长大后果然中了状元。

张老活人妻子故事梗概

邯郸的张老夫妇没有孩子，非常贫穷，生活困难，夫妇二人勒紧腰带，用十年的时间才积攒了一储蓄罐铜钱，以备养老之需。可是，邻居触犯了刑法，需要向官府缴纳一笔钱，才能免除牢狱之灾。邻居不想坐牢，家中又十分贫穷，于是就决定把妻子卖了来筹钱。如此一来，邻居家那三个年幼的孩子也就失去了母亲。于是，张老夫妇就把十年的积蓄全部拿出来，又当了一根簪子（张老妻子的唯一首饰），才凑足了那笔钱，救出了邻居，救了邻居的妻子和三个孩子。当晚，张老就梦见神仙送给了他一个孩子，这年妻子就生了个儿子，取名张弘轩，后代非常显贵。

靳老还邻幼女故事梗概

镇江的靳老结婚多年，五十多岁了，依然膝下无子。他太太于心不忍，就变卖首饰，把邻居家美丽端庄的姑娘买来给他做妾，为靳家传宗接代。不料，却遭到了靳老的严词拒绝。靳老说："我知道你的好意，我很感激。但是，邻居家的这个女孩，小时候我就经常抱她，希望她将来找个好丈夫，幸福一辈子。我现在老而多病，决不能玷污她，害她一辈子啊！"于是，就把邻居姑娘送还了回去。第二年，太太就生了文僖公。文僖公十七岁考中解元，十八岁考中进士，官至大明首辅。

（注：以上三个故事梗概根据一般流通版本整理而成，未经严谨考证。请诸君见谅！）

统领万善第十三

（一）

随缘①济众，其类至繁，约言②其纲③，大约有十：

第一，与人为善④；第二，爱敬存心⑤；第三，成人之美⑥；第四，劝人为善⑦；第五，救人危急⑧；第六，兴建大利⑨；第七，舍财作福⑩；第八，护持正法⑪；第九，敬重尊长⑫；第十，爱惜物命⑬。

【注释】

①随缘：佛门用语。其含义非常深广，大体意思是在日常生活中随顺机缘，不加勉强，否则就很容易攀缘。

②约言：简要而说。

③纲：此处指最主要的部分，即纲要。

④与人为善：一说偕同别人一起做善事，一说帮助别人做善事。二说皆通，今从后者。《孟子·公孙丑上》："子路，人告之以有过，则喜。禹闻善言，则拜。大舜有大焉，善与人同，舍己从人，乐取于人以为善。自耕稼、陶、渔以至为帝，无非取于人者。取诸人以为善，是与人为善者也，故

君子莫大乎与人为善。"

⑤爱敬存心：对年纪较轻、辈分或者社会地位较低、家境较差者，要存着爱护之心；对年龄较大、辈分或者社会地位较高、德行学养较好者，要存着恭敬之心。

⑥成人之美：成全别人的好事，也指帮助别人实现其美好的愿望，不可以嫉妒破坏。《论语·颜渊》："君子成人之美，不成人之恶。"

⑦劝人为善：若是见到不愿意行善或者喜欢作恶的人，就要想方设法劝他止恶行善。

⑧救人危急：看见别人遇到危险或者急难时，要尽心尽力去救助。

⑨兴建大利：对于国家社会或者老百姓有极大利益的事，要根据自己个人能力，或者尽心尽力组织发动，或者尽心尽力参与。

⑩舍财作福：有积蓄的人，最好能够多做布施的善行，一则帮助他人，二则为自己修积福报。

⑪护持正法：对于正知正见，能够让人增长智慧或者知识的道理以及法门，都应当加以保护扶持。这不仅仅是保护扶持佛陀所说教法，也包括儒道等世出世间一切大圣大贤所说的教法。护持：保护扶持，保护维持。唐代白居易《香山寺新修经藏堂记》："尔时，道场主、佛弟子香山居士乐天，欲使浮图之徒，游者归依，居者护持，故刻石以记之。"

⑫敬重尊长：必须敬重那些学问深、见识广、品德好、年龄长、地位高的人。

⑬爱惜物命：凡是有血气的动物都必须加以爱护好，并珍惜其生命，不可随意杀生取食和虐待。

【解读】

随顺机缘积德行善而救助众生，其种类很是繁多，简而言之，概括其纲要，大体上分为十种：

第一，与人为善；第二，爱敬存心；第三，成人之美；第四，劝人为善；第五，救人危急；第六，兴建大利；第七，舍财作福；第八，护持正法；第九，敬重尊长；第十，爱惜物命。

（二）

其一

何谓与人为善？

昔舜在雷泽①，见渔者皆取②深潭③厚泽④，而老弱则渔于急流浅滩之中。恻然哀之⑤，往而渔焉。见争者，皆匿⑥其过而不谈；见有让者，则揄扬⑦而取法⑧之。朞年⑨，皆以深潭厚泽相让矣。

【注释】

①雷泽：故址在今山东菏泽境内，又名雷夏泽。旧说山东濮县东南。《尚书·禹贡》："雷夏既泽"。《史记·五帝本纪》："舜耕历山，渔雷泽"。皆指此处。

②取：攻下，夺取。《商君书·去强》："兴兵而必伐取，取必能有之。"

③深潭：指水深之处。

④厚泽：指水聚集很多之处。

⑤恻（cè）然哀之：（大舜）很同情怜悯他们。恻然：同情怜悯的样

子。哀：怜悯，同情。

⑥匿（nì）：隐藏，躲藏。

⑦揄（yú）扬：宣扬。东汉班固《两都赋》序："雍容揄扬，著於后嗣，抑亦《雅》《颂》之亚也。"

⑧取法：取以为法则，效法。《礼记·三年问》："上取象於天，下取法於地，中取则於人。"《庄子·天道》："水静则明烛须眉，平中准，大匠取法焉。"

⑨朞（jī）年：觉本、书局本等皆作"期（jī）年"。"朞年"同"期年"，即一年。《战国策·齐策》："期年之后，虽欲言，无可进者。"

【解读】

什么叫与人为善？

从前，大舜年轻的时候曾在雷泽的湖边，见年轻力壮的打渔人都争抢夺取那些湖水深广而鱼类众多的好地方，可是那些年老体弱的人，只好在水流湍急湖水较浅而鱼类少的地方捕鱼。大舜很怜悯同情这些老弱渔夫，于是就亲自下水参与捕鱼。每当看见有争执而互不相让的人，大舜就替他们隐藏这种过错而不加以谈论；如果看见有相互谦让的人，就大力宣扬并且效法学习他。一年之后，人们就都相互礼让那些湖水深广鱼类集聚的好地方了。

夫以舜之明哲①，岂不能出一言教众人哉？乃不以言教而以身转之，此良工苦心②也！

吾辈处末世③，勿以己之长而盖人，勿以己之善而形④

人，勿以己之多能而困人⑤。收敛才智，若无若虚。见人过失，且涵容⑥而掩覆⑦之，一则令其可改，一则令其有所顾忌而不敢纵；见人有微长可取，小善可录⑧，翻然⑨舍己而从之，且为艳称⑩而广述⑪之。

凡日用间，发一言，行一事，全不为自己起念，全是为物立则⑫。此大人⑬天下为公⑭之度也。

【注释】

①明哲：明智。《尚书·说命》："知之曰明哲，明哲实以则。"

②良工苦心：指经营某件事情用心很深。泛指用心良苦。良工：善理其事者。良：很，甚。北宋刘攽《次韵苏子瞻（韩斡马）赠李伯时》："良工苦心为远别，天机要眇潜得之。"

③末世：现世。婉言时代风气不良。明代陆时雍《诗镜总论》："上古之言浑浑尔，中古之言折折尔，晚世之言便便尔，末世之言纤纤尔，此太白之所以病利也。""末世"原指一个朝代的末期。如《周易·系辞下》："易之兴也，其当殷之末世。"佛门谓末法时代也称"末世"。释迦牟尼佛的法运（即其教育教学思想的影响力）一万两千年，即正法一千年、像法一千年、末法一万年，凡一万两千年。明朝已是末法时代。

④形：对照，对比，比较。《老子》："长短相形，高下相倾。"

⑤困人：此处指故意难住别人的意思。困：遇到困难，被难住。《论语·季氏》："困而不学，又其次也。"

⑥涵容：包容。《宋史·韩维传》："镇所失只在文字，当涵容之。"《清史稿·礼志十》："世祖以外邦从化，宜予涵容，量加恩赏，谕令毋入觐。"

⑦掩覆：遮掩，袒护。《三国志·魏志·曹爽传》："其微过细故，当

掩覆之。"

⑧录：采纳。《后汉书·桓荣传》："桓郁述忠言，多见纳录。"

⑨翻然：迅速改变的样子。北宋苏轼《上皇帝书》："陛下翻然改命，曾不移刻。"

⑩艳称：喜欢并称赞。艳：羡慕，喜欢。明代宋濂《送东阳马生序》："略无慕艳之义。"

⑪广述：广为宣传。

⑫为物立则：为大众树立榜样。物：众人，一切人、事、物。唐代魏徵《十渐不克终疏》："损己以利物。"南朝江淹《杂体诗·杂述》："物我两忘。"则：准则，法则。如成语"以身作则"。

⑬大人：君子。指德行高尚而志趣高远的人。《孟子·告子上》："从其大体为大人，从其小体为小人。"

⑭天下为公：原义指天下是人民所公有的，后来指一种美好的社会理想。《礼记·礼运》："大道之行也，天下为公，选贤与能，讲信修睦。"

【解读】

凭着大舜那样的明智，难道就不能说句话教育开导一下大家吗？大舜却不用言语教导，而是以身作则，以实际行动来转变人们的不良风气，这正是大舜善于治国理政的良苦用心啊！

我们正处在一个风气不良的时代，不要用自己的长处来超胜掩盖别人，也不要拿自己的善行来和别人比较，更不要以为自己有点才能就想去难住别人。要应当收敛自己的才智，看上去好像什么才能也没有。每当看见别人有什么过失，应当要包容并帮他遮掩，一来是让他有改正的机会，二来是让他有所顾忌而不敢再继续放纵自己；假若看见别人略微有一点长处值得学习，或者做了一点善事可以作为借鉴，就要立即放弃自己既有的成见，来跟随他学习，并且要心生欢喜，大加赞美和广泛宣扬。

凡是在日常生活中，每说一句话，每办一件事，都不要为自己个人的私利考虑，起心动念全都是为社会大众做模范榜样。这才是"天下为公"的伟大君子气度。

其二

何谓爱敬存心？

君子与小人，就形迹①观，常易相混，惟一点存心处，则善恶悬绝②，判然③如黑白之相反。

故曰："君子所以异于人者，以其存心也。④"

君子所存之心，只是爱人敬人之心。

【注释】

①形迹：人的外貌神色以及言语举止等行为流露的迹象，即形象。唐代李幼卿《游烂柯山》诗之四："作礼未及终，忘循旧形迹。"

②悬绝：相差极远，悬殊。唐代刘禹锡《上中书李相公启》："高卑邈殊，礼数悬绝。"

③判然：形容差别特别分明。北宋苏舜钦《王公行状》："苟遇物持平，轻重判然于中矣。"

④"君子所以异于人者"二句：君子之所以不同于一般人，就在于

君子与一般人的存心不同。书局本及一般流通本认为此孟子之言是了凡
先生所撰而未加标点，误。语出《孟子·离娄下》："君子所以异于人者，以
其存心也。君子以仁存心，以礼存心。仁者爱人，有礼者敬人。爱人者，人
恒爱之；敬人者，人恒敬之。"存心：犹言居心。指心里怀有的意念。

【解读】

什么叫爱敬存心？

君子和小人，如果从其表面现象上看，常常容易混淆。但
是只要拿两者的心地一比较，就会发现君子的善心与小人的
恶念相差极为悬殊，明显得像是黑白对比，截然不同。

因此，孟子说："君子之所以不同于一般人，就在于君子
与一般人的存心不同。"

君子所存的心，只是爱护人和礼敬人的善心。

盖人有亲疏贵贱，有智愚贤不肖①。万品②不齐，皆吾同
胞，皆吾一体③。孰非当敬爱者？

爱敬众人，即是爱敬圣贤。能通④众人之志，即是通圣
贤之志。何者？圣贤之志，本欲斯世斯人各得其所⑤。吾合⑥
爱合敬，而安一世之人，即是为圣贤而安之也。

【注释】

①不肖：不才，不贤。《韩非子·功名》："尧为匹夫，不能正三家，
非不肖也，位卑也。"

②万品：各个种类。

③皆吾一体：是言义趣甚深，基本意义是我和宇宙世界中的一切人、一切事、一切物同属于一个身体，是一不是二。故佛门言："十法界依正庄严。"孟子曰："万物皆备于我矣。""心学"开山祖师象山先生亦曰："宇宙便是吾心，吾心即是宇宙。"

④通：通达，了解。

⑤所：适宜的地位。此处指安顿。

《无量寿经》："佛所行处，国邑丘聚，靡不蒙化。天下和顺，日月清明。风雨以时，灾厉不起。国丰民安，兵戈无用。崇德兴仁，务修礼让。国无盗贼，无有冤枉。强不凌弱，各得其所。"

《周易·系辞》："交易而退，各得其所。"

⑥合：全，满。《旧唐书·陆德明传》："合朝交欢。"

【解读】

人与人之间，有亲近和疏远、高贵和低贱之分，也有聪明和愚笨、贤良和败类之别。人虽然有这些千差万别，但都是我的同胞，都和我属于一个命运共同体。既然这样，谁又不是我应当尊敬和爱护的呢？

如果能够爱护尊敬众人，就等同于爱护尊敬圣贤。能够通达众人的志向，就是通达了圣贤的志向。为什么这样说呢？因为圣贤的志向，原本就是希望这世上所有的人都能各得其所，过上幸福美好的生活。因此，我如果对所有的人都能够做到普遍地爱护和尊敬，就能起到安抚全部世人的作用，这实际上就是代圣贤来安定世界人民啊！

其三

何谓成人之美？

玉之在石，抵掷①则瓦砾②，追琢③则圭璋④。故凡见人行一善事，或其人志可取而资可进，皆须诱掖⑤而成就之。或为之奖借⑥；或为之维持；或为白其诬而分其谤……务使之成立而后已⑦。

【注释】

①抵掷（zhì）：投掷，扔。西晋陈寿《三国志·魏志·董卓传》裴松之注引《魏书》："司隶校尉出入，民兵抵掷之。"

②瓦砾（lì）：破碎的砖头瓦片。

③追（duī）琢：雕琢，雕刻。追：雕刻。琢：雕磨。《诗经·大雅·棫朴》："追琢其章，金玉其相。"毛传："追，雕也。金曰雕，玉曰琢。"

④圭璋：泛指贵重玉器。"圭璋"是古代两种贵重的玉制礼器，上尖下方曰"圭"，半圭为"璋"。

⑤诱掖（yè）：引导扶持。《诗·陈风·衡门序》："诱僖公也，愿而无立志，故作是诗以诱掖其君也。"郑玄笺："诱，进也。掖，扶持也。"孔颖达疏："诱掖者，诱谓在前导之，掖谓在傍扶之，故以掖为扶持也。"

⑥奖借：勉励推重。北宋司马光《答彭寂朝议书》："辱书奖借太过，期待太厚，且愧且惧！"

⑦务使之成立而后已：书局本作"务使成立而后已"。成立：成就，

成长自立。

【解读】

什么叫成人之美?

美玉原本是包藏在石头里的,扔弃了它就如同破碎的砖头瓦片一样,雕琢它就会成为圭璋诸类的贵重玉器。因此,凡是见到有人做一件善事,或者发现有的人有理想并且天资不错,都必须要积极努力引导扶持从而成就他们。或者是赞叹鼓励并推崇重视;或者是维护帮助;或者是帮他表白诬陷分担诽谤……总而言之,务必使他们能够成功并且在社会上站住脚跟才肯罢手。

大抵人各恶其非类①。乡人②之善者③少,不善者多。善人④在俗亦难自立,且豪杰铮铮⑤不甚修形迹,多易指摘⑥。故善事常易败,而善人常得谤。惟仁人长者,匡直⑦而辅翼⑧之,其功德最宏⑨。

【注释】

①非类:指不同属性者。

②乡人:乡里的普通人。乡:并非指"农村乡下",相当于现在所说的"地方上"的意思。《孟子·离娄下》:"舜为法于天下,可传于后世,我由未免为乡人也。"朱熹《集注》云:"乡里之常人也。"

③善者:此处指公道明理的人。

④善人:此处指优秀人才。

⑤铮铮：此处是刚正不阿，与众不同的意思。

⑥指摘（zhāi）：指责，指出错误并予以批评。

⑦匡直：纠正，端正。《孟子·滕文公上》："劳之来之，匡之直之，辅之翼之。"

⑧辅翼：辅佐，辅助。

⑨宏：大，广大。

【解读】

大体上说来，一般人都是讨厌那些和自己不同的人。在普通人中，处事公道正派而又明白事理的毕竟很少，而自私自利且狭隘愚昧的人很多。因此，优秀的人才处在世俗之中也是很难自立的，况且那些出类拔萃的豪杰人物，大都又刚正不阿，与众不同，不肯随波逐流，也不太重视一些表面细节，很容易就被别人抓住小辫子而大作文章，因此做好事反而容易失败，常常会受人毁谤。这种状况下，只有德高望重的仁人君子出面干预，才能纠正那些世俗的恶习，辅助好人成就好事。这种功德是最大的，真可谓无量无边。

其四

何谓劝人为善？

生为人类，孰无良心①？世路②役役③，最易没溺④。凡与人相处，当方便提撕⑤，开其迷惑。譬犹长夜大梦，而令之一觉；譬犹久陷烦恼，而拔之清凉⑥。为惠最溥⑦。

【注释】

①良心：天赋的善心，即纯净纯善之本性，也可理解为仁义之心。现代所谓的"良心"是被现实社会普遍认可并被自己所认同的行为规范和价值标准，是道德情感的基本形式，是个人自律的突出体现。"良心"为孟子首次提出并阐发。《孟子·告子上》："虽存乎人者，岂无仁义之心哉？其所以放其良心者，亦犹斧斤之於木也，旦旦而伐之，可以为美乎？"朱熹《集注》："良心者，本然之善心。即所谓仁义之心也。"《三字经》："人之初，性本善。""性本善"就是真正的良心。"性本善"之"善"非善恶之善，其"性"明了善恶却无所谓善亦无所谓恶，乃纯净纯善之自性本体也。

②世路：人世间的经历遭遇等。唐代杜甫《春归》诗："世路虽多梗，吾生亦有涯。"

③役役：劳苦不休，辛苦奔波。《庄子·齐物论》："终身役役，而不见其成功。"唐代白居易《闲关》："回顾趋时者，役役尘壤间。"

④没（mò）溺：沉没，沉迷。西汉刘向《说苑·杂言》："不临于深渊，何以知没溺之患。"

⑤提撕：提携，拉扯。引申为提醒，振作。南北朝颜之推《颜氏家训·序致》："吾今所以复为此者，非敢轨物范世也，业以整齐门内，提撕子孙。"

⑥清凉：清静欢喜，不烦恼。《百喻经·煮黑石蜜浆喻》："不减烦恼炽热之火，稍作苦行，五热炙身，而望清凉寂静之道，终无是处。"佛门所谓的"清凉"是主要相对于世俗烦恼而言。其含义丰富，大体上可从三方面理解：一是清净欢喜的意思。《华严经》云："除烦恼热，得清凉乐，如是示现，充满十方。"二是理性智慧。《华严经》："能除一切虚妄分别贪嗔痴等诸惑热恼，令其具足智慧清凉。"三是超脱世俗。《大般若波罗蜜多经》："由菩提道令诸有情毕竟解脱生死众苦，证得常乐清凉

涅磐。"

⑦溥（pǔ）：广大，普遍。《诗·小雅·北山》："溥天之下，莫非王土。"

【解读】

什么叫劝人为善？

我们身为人类，谁会没有良心呢？然而一般人为名闻利养而劳苦奔波，最容易沉迷堕落。因此，凡是与人相处，每当发现他人有这种现象，就应当在方便的时候予以提醒，解开他心中的迷惑。譬如有人好像在漫漫长夜的大梦中，我们就要想方设法让他猛然觉醒过来；再如有人长久深陷在无尽的忧愁烦恼之中，我们就要去帮助开导，让他烦恼消除而清净欢喜。这样做恩惠非常之大，其功德亦是无量。

韩愈①**云："一时劝人以口，百世劝人以书。"**

较之与人为善，虽有形迹，然对症发药，时有奇效，不可废也。

失言失人②**，当反吾智。**

【注释】

①韩愈（768—824）：字退之，河南河阳（今河南省孟州市）人，自称"郡望昌黎"，世称"韩昌黎""昌黎先生"。韩愈是唐代杰出的文学家、思想家、哲学家、政治家，唐代古文运动的倡导者，后世尊为"唐宋八大家"之首，与柳宗元并称"韩柳"，有"文章巨公"和"百代文宗"之

声誉。后人将其与柳宗元、欧阳修和苏轼合称"千古文章四大家"。著有《韩昌黎集》等。

②失言失人：语出《论语·卫灵公》："可与言而不与之言，失人；不可与言而与之言，失言。知者不失人，亦不失言。"意思是可以与他交谈而不与他交谈，就会失掉可以交往的友人而错过人才；不可以与他交谈却交谈了，就是浪费言语。聪明智慧的人既不会失掉友人错过人才，也不会浪费言语。失言：不当说而说。失人：当说而不说。

【解读】

韩愈说："短时间里劝说少数人，用嘴巴就够了；而想要广泛长久地劝导社会大众，那就要著书立说来流传了。"

劝人为善和与人为善相比较，虽然是痕迹显露在外，然而却能够对症下药，常常会发生神奇的效果，因此不可以废除。

不过，劝人也要会劝。如果遇到不接受劝导的人，却偏偏要劝导他，这就是失言；如果是肯接受劝导的而又不去劝导，这就是失人。一旦出现"失言失人"的情况，那就要好好反思一下自己智慧方面的问题了。

其五

何谓救人危急？

患难颠沛①，人所时有。偶一遇之，当疴瘵之在身②，速为解救。或以一言伸其屈抑③；或以多方济其颠连④。

崔子⑤曰:"惠不在大,赴⑥人之急可也。"

盖仁人之言哉!

【注释】

①颠沛:困苦挫折。《论语·里仁》:"君子无终食之间违仁,造次必于是,颠沛必于是。"

②当恫瘝之在身:书局本作"当如恫瘝在身"。恫瘝(tōng guān):病痛,疾苦。意思与"恫瘝"相同。《尚书·康诰》:"呜呼! 小子封,恫瘝乃身,敬哉!"孔传:"恫,痛。瘝,病。治民务除恶政,当如痛病在汝身欲去之,敬行我言!"

③屈抑:枉屈,压抑。

④颠连:困苦。北宋张载《西铭》:"凡天下疲癃、残疾、惸(qióng)独、鳏寡,皆吾兄弟之颠连而无告者也。"

⑤崔子:明朝崔铣先生。崔铣(1478—1541),安阳人,明代著名学者,字子钟,又字仲凫,号后渠,又号洹野,世称"后渠先生"。口碑极佳,时人尊称"崔子"。弘治十八年(1505)进士,曾任礼部侍郎。其仕途可谓一波三折,晚年潜心学问,训子授徒,力排王阳明之学。著《洹词》,撰《彰德府志》。其《六然训》盛传至今,即"自处超然,处人蔼然,有事斩然,无事澄然,得意淡然,失意泰然"。

⑥赴:为某事奔走出力。《晋书·滕修传》:"王师伐吴,修率众赴难。"

【解读】

什么叫救人危急?

患难和困苦挫折,是人生时有发生的事情。如果我们偶然遇到这种情况的人，就应该如同自身得了病痛一样，要立刻去解救他们。或者说上一句话，来帮他们洗雪冤屈；或者想方设法，多方面来救助他们摆脱困苦。

崔铣先生说："给予人的恩惠不在于大小，只要能够解救人的危急就可以了。"

这实在是仁人君子说的话啊！

其六

何谓兴建①大利？

小而一乡之内，大而一邑②之中，凡有利益，最宜兴建。或开渠导水；或筑堤防患；或修桥梁以便行旅③；或施茶饭以济饥渴……随缘劝导，协力兴修。勿避嫌疑，勿辞劳怨。

【注释】

①兴建：兴办，创建。《晋书·冯跋载记》："兴建大业，有功力焉。"

②邑：此处指全县或者全市境内。

③行旅：往来旅客，交通往来。

【解读】

什么叫兴建大利？

小到一个乡村，大到一个县市，凡是对大家有利益的好事，最是应当兴办创建。或者是凿渠引水；或者是修堤筑坝，防止灾患；或者是修建桥梁，便于人们交通往来；或者是施茶舍饭，来给人充饥解渴……随时有机会随时就劝导大家，齐心合力兴办善事。不要为了躲避那些嫌疑，更不要为了害怕那其中的辛苦乃至他人的怨恨，从而错过了修积福报的大好机会。

其七

何谓舍财作福？

释门①万行②，以布施③为先。所谓布施者，只是"舍"之一字耳。

达者④内舍六根⑤，外舍六尘⑥，一切所有，无不舍者。

【注释】

①释门：即佛门。

②行（hèng）：此处指的是修行的方法。

③布施：意思是以慈悲心给予他人福祉与利益之事。布施是大乘佛法六度之首，能治悭贪吝啬，除灭贫穷。其种类有三：法布施、财布施、无畏布施。所谓财施，即是以财物施予他人；所谓法施，即是以佛法施予他人；所谓无畏施，是以不畏惧施予他人。究实而言，佛门三学六度万行，无非一布施而已。

④达者：佛门指上、中、下三根中的上根，即所谓善根福德深厚的上根利智者。本指通达事理之人，同"达人"。唐代王勃《滕王阁序》："所赖君子见机，达人知命。"

⑤六根：佛门用语，即眼、耳、鼻、舌、身、意。眼是视根，耳是听根，鼻是嗅根，舌是味根，身是触根，意乃念虑之根。根能生之义，如草木有根能生枝干。六根生六识，即眼识、耳识、鼻识、舌识、身识、意识。

⑥六尘：色尘、声尘、香尘、味尘、触尘、法尘。尘：污染之义，其能污染人的心灵世界，使自性不能显发。六尘又名六境，即六根所缘之外境，是六根作用时不可少的境界，即眼能视色，耳能闻声，鼻能嗅香，舌能尝味，身有所触，意有所思所念。总之，六境包含了一切可认知的对象。

【解读】

什么是舍财作福？

佛门千千万万种修行的方法，是以布施为首的。所谓布施，其实仅仅就是一个"舍"字罢了。

上根利智的人，内可以舍掉眼、耳、鼻、舌、身、意六根，外可以舍掉色、声、香、味、触、法六尘。总之，一切所有，没有不可以施舍的。

苟非能然，先从财上布施。世人以衣食为命，故财为最重，吾从而舍之。内以破吾之悭①，外以济人之急。始而勉强，终则泰然②，最可以荡涤③私情，祛除④执吝⑤。

【注释】

①悭（qiān）：吝啬。

②泰然：心情安适。

③荡涤：清洗，清除。东汉班固《汉书·食货志下》："后二年，世祖

受命,荡涤烦苛,复五铢钱,与天下更始。"

④祛除:驱除,除去。

⑤执吝:执着于悭吝。明代李贽《寄答耿大中丞书》:"毋怪其执吝不舍,坚拒不从。"

【解读】

如果做不到这一点,那就得先从布施钱财开始做起。一般世俗之人依靠钱财衣食维持生命,所以把钱财看得最为重要。然而,我却能够布施这些钱财衣食,对内能够破除自己的悭贪,对外还能够救助他人之急。开始做的时候可能有些勉强,但后来就会从容自如了。总之,布施是最能够清洗人的内心私欲,去除那坚固不化的贪念和吝啬习气的。

其八

何谓护持正法^①?

法者,万世生灵之眼目也。不有正法,何以参赞^②天地?何以裁成^③万物?何以脱尘离缚?何以经世^④出世^⑤?

【注释】

①正法:引导人们走向正道、开启智慧的善法。这里指的不仅是佛陀所说的教法,而是包括儒道乃至天主教、基督教等一切圣贤所传的善法。

②参赞:参与并协助。唐代李延寿《南史·王俭传》"先是齐高帝为相,欲引时贤参赞大业。"

③裁成：亦作"财成"。裁节而成就之，即想办法使之有所成就的意思。《周易·泰》："天地交，泰。后以财成天地之道，辅相天地之宜，以左右民。"以后《汉书·律历志上》引作"裁成"："立人之道曰仁，在天成象，在地成形，后以裁成天地之道，辅相天地之宜，以左右民。"

④经世：治世，经历世事。包含修身、齐家、治国、平天下等诸方面。就儒学而言，"经世"乃"经世致用"，或者"经国济世"，是指极其关心社会、积极参与政治，从而希望达到天下治平的一种观念。

⑤出世：超脱世俗。北宋苏轼《书黄鲁直李氏传后》："无所厌离，何从出世？无所欣慕，何从入道？"

【解读】

什么叫护持正法？

圣贤的正法长久以来是众生的眼睛，是人生旅途不可或缺的幸福指南。如果没有圣贤的正法，用什么来参与并协助天地自然的造化？用什么办法来使万物蓬勃成长而有所成就？用什么来解脱人世间的那些束缚？又用什么去经历世事从而超脱世俗的痛苦呢？

故凡见圣贤庙貌①，经书典籍，皆当敬重而修饬②之。至于举扬③正法，上报佛恩，尤当勉励。

【注释】

①庙貌：庙宇及造像。《诗·周颂·清庙序》郑玄笺："庙之言貌也，死者精神不可得而见，但以生时之居，立宫室象貌为之耳。"貌：此处指

或画或塑或者是雕刻的造像。

②修饬(chì)：修缮整理。饬：整治，整理。

③举扬：发动弘扬。举：发动，兴起。扬：弘扬。

【解读】

因此，我们凡是看见圣贤和佛菩萨的寺院庙宇及其造像，以及经书典籍等，都应当恭敬并注意维护修缮整理。至于推崇并大力弘扬佛陀的正法，续佛慧命，来报答佛菩萨的大恩大德，是尤其值得我们大家应当相互劝勉、相互鼓励去努力做的大好事。

其九

何谓敬重尊长？

家之父兄，国之君长，与凡年高、德高、位高、识高者，皆当加意①奉事②。

【注释】

①加意：注意，留意。即特别注意或者特别留心。南朝梁慧皎《高僧传》："昔狂人，令绩师绩锦，极令细好。绩师加意，细若微尘，狂人犹恨其粗。"西汉司马迁《史记·龟策列传》："上尤加意，赏赐至或数千万。"

②奉事：侍候，侍奉。唐代李公佐《南柯太守传》："前奉贤尊命，不弃小国，许令次女瑶芳，奉事君子。"

【解读】

什么叫敬重尊长?

对于一个家庭的父老和兄长,乃至一个国家的元首或者领导,以及社会上那些年事已高的人、德行高尚的人、地位尊贵的人和见识渊博的人等,都要特别注意留心侍候供养。

在家而奉侍父母,使深爱婉容①,柔声下气,习以成性,便是和气格天②之本。出而事君,行一事,毋谓君不知而自恣③也;刑④一人,毋谓君不知而作威⑤也。

"事君如天。"古人格论⑥。

此等处最关⑦阴德。试看忠孝之家,子孙未有不绵远而昌盛者。切须慎之!

【注释】

①婉容:和顺的容态。《礼记·祭义》:"孝子之有深爱者必有和气,有和气者必有愉色,有愉色者必有婉容。"

②格天:感通上天。《尚书·君奭》:"我闻在昔成汤既受命,时则有若伊尹,格于皇天。"南宋陈亮《与章德茂侍郎》:"主上焦劳忧畏,仰格天心,使旱不为天灾。"

③自恣(zì):指放纵自己,不受约束。屈原《楚辞·大招》:"自恣荆楚,安以定只。"南朝宋范晔《后汉书·梁冀传》:"少为贵戚,逸游自恣。"

④刑:惩罚。《韩非子·有度》:"刑过不避大臣,赏善不遗匹夫。"

⑤作威:指利用威权滥施刑罚。《左传·襄公三十一年》:"我闻忠

善以损怨，不闻作威以防怨。"

⑥格论：精当的言论，至理名言。五代南唐李中《献乔侍郎》诗："格论思名士，舆情渴直臣。"

⑦关：关涉，涉及。南宋陆九渊《黄公墓志铭》："虽绝意仕进，其于国之治忽，民之休戚，未尝不关其心。"

【解读】

在家侍候父母亲，内里要有深爱之心，外表要和颜悦色柔声下气，等到长时熏染形成习惯后，自然就把那良好的习性养成了。这是和气能够感通于上天的大根大本。在外侍奉君王或者长官，每当做一件事情，不要以为他们不知道，自己就可以任性胡来；每当惩罚一个人，也不要以为他们不知道，自己就滥施刑罚。

"侍奉君王长官要如同侍奉上天那样真诚恭敬。"这可是古人的至理名言。

这些尽忠尽孝之事最能影响到一个人的阴德。试看那些忠孝人家，子孙后代都是连绵不绝而且兴旺发达。因此而言，在这方面千万务必要高度慎重！

其十

何谓爱惜物命？

凡人之所以为人者，惟此恻隐①**之心而已。求仁者求**

此，积德者积此。

《周礼》^②"孟春之月，牺牲毋用牝^③"；孟子谓"君子远庖厨^④"。所以全吾恻隐之心也。

故前辈^⑤有四不食之戒，谓：闻杀不食，见杀不食，自养者不食，专为我杀者不食。

学者^⑥未能断肉，且当从此戒之，渐渐增进，慈心愈长。

【注释】

①恻隐：对别人的不幸同情、怜悯。《孟子·告子上》："恻隐之心人皆有之，羞恶之心人皆有之，恭敬之心人皆有之，是非之心人皆有之。恻隐之心仁也，羞恶之心义也，恭敬之心礼也，是非之心智也。仁义礼智，非由外铄我也，我固有之也，弗思耳矣。"

②《周礼》：西周时期的圣人周公旦所制订的国家典章制度（宪法）。儒家主要经典之一，中国古代社会最为完善的重要法典，也是世界古代最为完善的官制记录，与《仪礼》《礼记》并列为《三礼》。其内容极为深广丰富，大到天下九州天文历象，小到沟洫道路乃至草木虫鱼。凡邦国建制，政法文教，礼乐兵刑，赋税度支，膳食衣饰，寝庙车马，农商医卜，工艺制作，各种名物、典章、制度等无所不包，字里行间闪烁着人类社会的光辉智慧。一代东方诗哲、著名哲学家、新儒学八大家之一的方东美先生认为，如果周朝的后世子孙能够按照《周礼》治国理政，今天仍然是周朝的天下。

③孟春之月，牺牲毋用牝：在每年农历的正月，正是动物最容易怀胎的季节，因此祭祀所用供品，不可用雌性动物，以免伤及腹内生命。

《礼记·月令》"孟春之月"章："是月也，命乐正入学习舞，乃修祭典；命祀山林川泽，牺牲毋用牝。"孟春：正月。牺牲：供祭祀用的纯色全体牲畜。牝：雌性禽兽。

④君子远庖厨：君子应当远离厨房。《孟子·梁惠王上》："君子之于禽兽也，见其生不忍见其死，闻其声不忍食其肉，是以君子远庖厨也。""君子远庖厨"应该是当时社会"礼"的条文，并非孟子创造，故孟子亦谓"是以"。《礼记·玉藻》："君子远庖厨，凡有血气之类，弗践身也。"

⑤前辈：此处指以前的贤者。

⑥学者：此处指初学的人，或者是后生晚辈。原指求学的人。《孟子·滕文公上》："北方之学者，未能或之先也，彼所谓豪杰之士也。"

【解读】

什么叫爱惜物命？

大凡一个人之所以称之为人，无非只是具有一颗同情万物的慈悲之心罢了。求取仁德的人要从这里来求取，积功累德的人也是要从这里去积累。

《周礼》上说"春天正月期间，祭祀的牲畜不得用母的"；孟子也认为"君子应当要远离厨房"。这些，都是为了保全我们的恻隐之心啊！

因此，以前的贤者提出了"不应该吃四种肉"的告诫：如果听到动物被杀害时那痛苦的哀号声，就不可以吃它的肉；如果是亲眼看到动物被杀害时那悲惨的情形，也不可以再吃它的肉；如果是自己养的动物，那就不应该狠下心来吃它的肉；如果别人是为了专门招待我或者是供养我而杀害的动物，那就更不要吃了。

现在有些初学者或者后生晚辈，如果一时还不能做到完全断绝肉食，就暂且从这"四不食"开始修学，循序渐进，慈悲之心就会越来越加增长。

不特①杀生当戒，蠢动含灵②，皆为物命。求丝煮茧，锄地杀虫……念衣食之由来，皆杀彼以自活。故暴殄③之孽，当于杀生等。至于手所误伤，足所误践者，不知其几，皆当委曲④防之。

古诗云："为鼠常留饭，怜蛾不点灯。⑤"

何其仁也！

【注释】

①不特：不知，不仅，不但。

②蠢动含灵：泛指一切众生。南宋洪迈《容斋续笔·蜘蛛结网》："佛经云：'蠢动含灵，皆有佛性。'……天机所运，其善巧方便，有非人智虑技解所可及者。"

③暴殄（tiǎn）：泛指任意糟蹋浪费。唐代韩偓《再思》诗："暴殄由来是片时，无人向此略迟疑。"

④委曲：曲意迁就。东汉班固《汉书·严彭祖传》："何可委曲从俗，苟求富贵乎？"

⑤为鼠常留饭，怜蛾不点灯：为了同情老鼠有饿死之虞，所以常会留下饭菜给它们吃；为了怜悯飞蛾扑向油灯烧死，所以晚上不愿点燃灯火。此诗句出自北宋苏轼《次韵定慧钦长老见寄八首》。书局本及一般流通本作"爱鼠常留饭，怜蛾不点灯"。

【解读】

不但杀生食肉应当戒除，一切众生也都是有生命的，都应当要爱惜它们。例如，抽取蚕丝就要煮茧，锄地就会杀死虫子……想想我们的那些衣食，都是杀害它们才能够得到，然而却用来养活我们自己。因此，糟蹋浪费衣食的罪孽，应当和杀生等同。至于举手误伤的，投脚误踩的，那就更不知道多少了。对于这一切，我们都应当想方设法，防止伤害物命。

宋朝的苏轼有句诗说："为鼠常留饭，怜蛾不点灯。"

这是何等仁爱的境界啊！

（三）

善行无穷，不能殚^①述。由此十事而推广之，则万德可备^②矣。

【注释】

①殚（dān）：尽，竭尽。

②备：齐全，完备。

【解读】

关于积德行善的事情很多，没法子穷尽，所以不能完全详细说明。然而，我们只要从这十个方面加以类推并发扬光大，努力修学践行，就能够统领万善，那么一切功德也就都圆满了。

第四篇　谦德之效

惟谦受福第十四

《易》曰："天道亏盈而益谦，地道变盈而流谦，鬼神害盈而福谦，人道恶盈而好谦。①"

是故"谦"之一卦②，六爻③皆吉。

《书》曰："满招损，谦受益。④"

【注释】

①"天道亏盈而益谦"等四句：出自《周易·谦卦》，是言以"天道""地道""鬼神""人道"为例，说明宇宙世界，古往今来，世出世间，无不是抑盈扬谦。"谦"乃万吉万利，"骄傲""自满"等皆为凶德。益：补益。流：流布，含有"充实"之义。《周易集解》引唐代易学家崔憬曰："若日中则昃，月满则亏，损有余以补不足，天之道也；高岸为谷，深谷为陵，是为变盈而流谦，地之道也；朱门之家，鬼阚其室，黍稷非馨，明德惟馨，是其义也；满招损，谦受益，人之道也。"崔公如此阐释，非常之精当！

②卦：《周易》中象征自然现象和人事变化的一套符号，由一根长划表示阳爻和两根短划表示阴爻配合而成。常用以占验吉凶。

③爻（yáo）：构成《周易》之卦符的基本符号，分为阴爻和阳爻。"—"表示阳爻，"--"表示阴爻。

④满招损,谦受益:语出《尚书·大禹谟》:"满招损,谦受益,时乃天道。"

【解读】

《周易》说:"上天的规律是亏损盈满而补益谦虚,大地的规律是变易盈满而充实谦虚,鬼神的规律是损害盈满而福佑谦虚,人类的规律是憎恶盈满而喜欢谦虚。"

因此,"谦"这一卦的六爻,全部都是吉祥的。

《尚书》说:"自满就会招致损害,谦虚就会得到补益。"

谦尊而光第十五

予屡同诸公^①应试，每见寒士^②将达^③，必有一段谦光可掬^④。

【注释】

①诸公：指各位学子。

②寒士：多指出身低微的贫寒读书人。唐代杜甫《茅屋为秋风所破歌》："安得广厦千万间，大庇天下寒士俱欢颜。"

③达：得志，显贵。《孟子·尽心上》："穷则独善其身，达则兼善天下。"

④谦光可掬：意思是谦逊礼让的风度非常明显，仿佛可以用手捧取。谦光：《周易·谦卦》"谦尊而光"，指尊贵而光明盛大，后以"谦光"形容谦逊礼让的风度。可掬：可以用手捧住，形容情状非常明显。

【解读】

我多次和很多学子一起参加科举考试，每每看到那些贫寒的学子将要显贵发达，那谦逊礼让的风度就必定会非常明显地自然流露出来。

其一

辛未①计偕②，我嘉善同袍③凡十人，惟丁敬宇④宾年最少，极其谦虚。

予告费锦坡⑤曰："此兄今年必第⑥！"

费曰："何以见之？"

予曰："惟谦受福。兄看十人中，有恂恂款款⑦，不敢先人，如敬宇者乎？有恭敬顺承⑧，小心谦畏⑨，如敬宇者乎？有受侮不答⑩，闻谤不辩，如敬宇者乎？人能如此，即天地鬼神犹将佑之。岂有不发者？"

及开榜，丁果中式。

【注释】

①辛未：指1571年。

②计偕：举人赴京会试。西汉司马迁《史记·儒林列传序》："郡国、县、道、邑有好文学，敬长上，肃政教，顺乡里，出入不悖所闻者，令、相、长、丞上属所二千石，二千石谨察可者，当与计偕，诣太常，得受业如弟子。"司马贞索隐："计，计吏也。偕，俱也。谓令与计吏俱诣太常也。"后遂用"计偕"称举人赴京会试。

③同袍：泛指同学、朋友、同事等。此处指老乡、同乡。

④丁敬宇：即丁宾（1543—1633），字敬宇，又字礼原，号改亭，嘉善人，隆庆五年（1571）进士。任句容知县，后任御史。万历十九年（1591）起复故官，迁南京右佥都御史兼提督操江、南京工部尚书，后累

加至太子太保。卒谥清惠。有《丁清惠公遗集》八卷传世。

⑤费锦坡：即"费朝宪"，嘉靖四十三年举人，了凡先生嘉善同袍。

⑥必第：必定考上科第。

⑦恂恂（xún xún）款款：谦恭而诚恳的样子。恂恂：信实谦卑、温和恭顺而又郑重谨慎的样子。即谦恭的样子。《论语·乡党》："孔子于乡党，恂恂如也，似不能言者。"款款：诚恳忠实的样子。西汉司马迁《报任少卿书》："诚欲效其款款之愚。"

⑧顺承：顺从承受。《周易·坤卦》："象曰：至哉坤元，万物资生，乃顺承天。"孔颖疏："乃顺承天者，乾是刚健，能统领于天，坤是阴柔，以和顺承平于天。"

⑨畏：此处是不敢放肆的意思。

⑩答：应对，回应。

【解读】

辛未年举人赴京会试，我们嘉善县的老乡共有十人一起参加，其中只有丁敬宇这位读书人是年龄最小的，可是他的为人处事却显得极为谦虚。

我告诉费锦坡说："这位仁兄今年必定能考中！"

费锦坡说："怎么见得他会考中呢？"

我回答说："只有谦虚的人才能够承受福报。兄台您看咱们这十个人当中，有谁的为人能像敬宇那样谦恭诚恳，而不去抢风头的呢？还有谁的处事能像敬宇那样恭敬顺承，谨小慎微而不敢放肆的呢？又有谁能做到像敬宇那样，受到侮辱不去应对，听到诽谤也毫不辩解的呢？一个人的修养到了这等地步，就是天地鬼神还都要保佑他的。难道他能不发达吗?"

等到发榜,丁敬宇果然考中了进士。

其二

丁丑①在京,与冯开之②同处,见其虚己敛容③,大变其幼年之习。

李霁岩④直谅⑤益友,时面攻⑥其非,但见其平怀⑦顺受,未尝有一言相报⑧。

予告之曰:"福有福始⑨,祸有祸先⑩。此心果谦,天必相之。兄今年决第矣!"

已而果然。

【注释】

①丁丑:指1577年。

②冯开之:即冯梦祯(1548—1605),字开之,号具区,又号真实居士,浙江秀水县(今嘉兴)人,著名佛门居士、诗人。明万历五年(1577)进士,高中会试第一名,历任翰林院编修、南京国子监祭酒等。其为人高旷,好奖掖后学;喜读书,诗文疏朗通脱,不事刻镂。有《快雪堂集》以及《快雪堂漫录》《历代贡举志》等传世。

③敛容:正容,显出端庄的脸色。唐代白居易《琵琶行》:"沉吟放拨插弦中,整顿衣裳起敛容。"

④李霁岩:嘉兴人,生卒不详,待考。

⑤直谅:正直诚信。《论语·季氏》:"益者三友,损者三友。友直,

友谅,友多闻,益矣;友便辟,友善柔,友便佞,损矣。"

⑥面攻:当面指责。

⑦平怀:平心静气。

⑧报:报复,回报。此处是反驳的意思。

⑨福始:福报的根源。

⑩祸先:灾祸的前因。一说灾祸的先兆,不确。晋朝卢谌《赠刘琨》诗:"福为祸始,祸作福阶。"李善注引《韩诗》:"利为用本,福为祸先。"

【解读】

丁丑年在京城,我和冯开之住在同一个地方,发现他那谦虚端庄的样子,大不同于他小时候的习气。

有位李霁岩先生,是他的一位正直诚信的好朋友,经常当面抨击指责他的过错,只见他总是心平气和地顺从接受,不曾反驳过一句话。

我告诉冯开之说:"如果一个人能够获得福报,必定有获得福报的根源;如果一个人有了灾祸,也必定有灾祸的前因。只要一个人内心果真谦虚,上天就一定会出手帮助他的。兄台今年决定能够考中!"

后来果然是考中了。

其三

赵裕峰[①]**光远,山东冠县人,童年举于乡,久不第。其父**

为嘉善三尹②，随之任。

慕钱明吾③，而执文见之。明吾悉抹④其文。赵不惟不怒，且心服而速改焉。

明年，遂登第。

【注释】

①赵裕峰：生卒不详，名光远，字裕峰，冠县（今属山东聊城市所辖）。

②三尹：明朝编制，知县称大尹，县丞称二尹，主簿称三尹，又称少尹。今《嘉善史志》称："据万历《嘉善县志》记载，赵裕峰的父亲是万历十四年（1586）嘉善县主簿赵克念。"

③钱明吾：今《嘉善史志》认为：钱明吾应该是当地名士钱吾德，属于了凡先生的亲戚。《嘉善史志》："钱吾德，字湛如，'声望隆然，虽书生，时人咸以公辅期之'。"他与了凡先生及秀水县的冯梦祯，合称为万历初嘉兴府三名家。隆庆四年（1570），与了凡同年中举，任河北迁安县令，后改福建泰宁县和江西宁州县（修水县），为官清廉，政多惠民，年八十一卒。

④抹（mǒ）：涂抹。

【解读】

赵裕峰、名光远，是山东冠县人，不到二十岁就考上了举人，可是以后好多年却没能考中进士。他的父亲任嘉善县三尹，就跟随父亲来到了嘉善。

当时，赵光远很仰慕嘉善当地的钱明吾先生，因此就带着自己的文章去拜见。钱明吾先生却把他的文章全部给涂抹了。对此,赵裕峰不但没有生气,而且还心服口服地立即将文章改写了过来。

到第二年,赵裕峰就考中了进士。

其四

壬辰①岁,予入觐②,晤③夏建所④,见其人气虚意下⑤,谦光逼人⑥。

归而告友人,曰:"凡天将发⑦斯人也,未发其福,先发其慧。此慧一发,则浮者自实,肆者自敛。建所温良若此,天启之矣!"

及开榜,果中式。

【注释】

①壬辰:指1592年。

②入觐:指地方官员入朝进见帝王。

③晤:见面。

④夏建所:即夏九鼎,字玉铉,又字建所,号璞斋,嘉善(今属浙江)人,受业东林党领袖顾宪成,万历二十年(1592)进士,授浮梁知县,改衢州府学教授,卒于途。

⑤气虚意下:自卑而尊人,毫无骄傲的样子。

⑥谦光逼人:谦和的光彩好像能够照人的样子。逼:接近、迫近,此处作"照"解。

⑦发：兴起，产生。此处有三个"发"字，一者作"发达"解；二者作"获得"解；三者是"产生"。

【解读】

壬辰这年，我去京城朝见皇上，遇到了夏建所，发现这人非常谦虚，自卑尊人，那种谦逊礼让的风度真可谓光彩照人。

从京都回来后，我就告诉友人说："大凡上天想要让这个人发达，在还没有让他获得福报之前，必定先让他产生智慧。这智慧一旦产生出来，那么原来那些心浮气躁的人，自然就会变得老练稳重起来；而原来的那些放肆任性的人，自然就会懂得收敛了。建所的性情温和善良到这等程度，这实在是上天开启了他的智慧啊！"

等到开榜，夏建所果然考中了进士。

命由我作第十六

（一）

江阴①张畏岩②，积学③工文④，有声艺林⑤。甲午⑥南京乡试，寓一寺中，揭晓⑦无名，大骂试官，以为眯目⑧。

时有一道者，在傍微笑，张遽⑨移怒道者。

道者曰："相公⑩文必不佳。"

张益⑪怒，曰："汝不见我文，乌知不佳？"

道者曰："闻作文，贵心气和平。今听公骂詈，不平甚矣，文安得工⑫？"

张不觉屈服，因就而请教焉。

【注释】

①江阴：今为江苏省无锡市所辖县级市，被誉为"中国资本第一县"。因地处"大江之阴"而得名，有"延陵古邑""春申旧封""芙蓉城""忠义之邦"之称。

②张畏岩：生卒不详，待考。

③积学：博学，饱学。唐代韩愈《顺宗实录三》："给事中陆质、中书舍人崔枢，积学懿文，守经据古，夙夜讲习，庶协于中，并充皇太子侍读。"

④工：擅长，善于。

⑤艺林：此处指读书人之中，或者学术界。旧时指文艺界或收藏汇集典籍图书的地方。《魏书·常爽传》："属意艺林，略撰所闻。"明代都穆《都公谭纂》卷下："容访诸藏书家，倘得补刻，岂非艺林一大快事耶？"

⑥甲午：指1594年。

⑦揭晓：开榜，即公布考试录取名单。明代叶盛《水东日记·瞿泰安》："比揭晓，泰安名在第五。"

⑧眯目：此处是骂人没有眼光，像瞎了眼一样。原指杂物入眼内使视线模糊。《庄子·天运》："夫播糠眯目，则天地四方易位矣。"

⑨遽：突然。

⑩相公：此处作"先生"解。旧时对人的尊称，多指富贵人家子弟或年少人士。明、清时科举考试进学成秀才的人，也被称为相公。

⑪益：更加。

⑫工：精，精巧。

【解读】

江阴有位叫张畏岩的人，博学而擅长撰写文章，在当时的读书人当中有些名气。甲午这年，他参加南京举办的乡试，借住在一座寺院里，等到考试录取名单公布出来，却没有他的名字。于是，他就破口大骂考官瞎了眼。

当时有位道人在旁边微笑，张畏岩就突然迁怒到了那位道人身上。

道人说："先生的文章必定是写得不好。"

张畏岩一听这话，就更加愤怒了，说："你又没看过我的文章，怎么就知道不好？"

道人说："听说作文章，贵在心平气和。现在听先生您如此斥骂，内心很不平和，怎么能写出好文章呢？"

张畏岩毕竟是个读书明理之人，不由得被折服了，于是就回过头来向道人请教。

（二）

道者曰："中全要命。命不该中，文虽工，无益也。须自己做个转变。"

张曰："既是命，如何转变？"

道者曰："造命者天，立命者我。力行善事，广积阴德，何福不可求哉？"

张曰："我贫士①，何能为？"

道者曰："善事阴功，皆由心造②。常存此心，功德无量。且如谦虚一节③，并不费钱。你如何不自反，而骂试官乎？"

【注释】

①贫士：此处指贫穷的读书人。

②心造：心念的造作。佛家认为人生宇宙世界的一切都是从心所生，即华严所谓"唯心所现，唯识所变"。八万四千法门，无非如是。《华严经·觉林菩萨偈》："心如工画师，能画诸世间。五蕴悉从生，无法而

不造……若人欲了知, 三世一切佛。应观法界性, 一切唯心造。"

③节: 此处指事项。

【解读】

道人说："能否考中, 全在于个人的命。命里注定不该考中, 文章即使写得很好, 也没有用处。你必须先要做个自我改变。"

张畏岩说："既然是命中注定的, 那又怎么个自我改变法?"

道人说："造命的大权虽然是在上天的手中, 但是改造命运的大权却是我们自己能够掌握的。只要自己努力行善, 广积阴德, 什么样的福报求不到呢?"

张畏岩说："我不过是一个贫寒的读书人, 又有什么能力行善呢?"

道人说："做善事和积阴德, 都是自己心地上造作出来的。如果能够时常存着一颗善良之心, 就会有无量的功德。况且像谦虚这种事情, 并不需要花钱。你怎么不回头自我反省反省, 却反而责骂人家考官呢?"

(三)

张由此折节自持①, 善日加修, 德②日加厚。

丁酉③, 梦至一高房, 得试录一册, 中多缺行。

问旁人。

曰: "此今科试录。"

问："何多缺名？"

曰："科第阴间三年一考校④，须积德无咎者，方有名。如前所缺，皆系旧该中式，因新有薄行⑤而去之者也。"

后指一行，云："汝三年来，持身颇慎，或当补此，幸自爱。"

是科，果中一百五名。

【注释】

①折节自持：痛改前非的意思。

折节：指降低身份，屈己下人；或者强自克制，改变平素的志向和行为。《管子·霸言》："折节事疆以避罪，小国之形也。"西汉司马迁《史记·货殖列传》："富人争奢侈，而任氏折节为俭，力田畜。"

自持：自我克制；保持操守、修养。《史记·儒林列传》："宽为人温良，有廉智，自持而善著书。"

②德：此处指福德，或者说是德行。一说功德，不确。福德与功德是有严格区别的，然一般学人却常常混淆。可参禅宗六祖慧能大师的开示：

《六祖坛经·疑问品第三》：

公曰："弟子闻达摩初化梁武帝，帝问云：'朕一生造寺度僧，布施设斋，有何功德？'达摩言：'实无功德。'弟子未达此理，愿和尚为说。"

师曰："实无功德。勿疑先圣之言。武帝心邪，不知正法，造寺度僧，布施设斋，名为求福，不可将福便为功德。功德在法身中，不在修福。"

师又曰："见性是功，平等是德。念念无滞，常见本性，真实妙用，名为功德。内心谦下是功，外行于礼是德。自性建立万法是功，心体离念是德。不离自性是功，应用无染是德。若觅功德法身，但依此作，是真功德。若修功德之人，心即不轻，常行普敬。心常轻人，吾我不断，即自无功。自性虚妄不实，即自无德，为吾我自大，常轻一切故。

"善知识，念念无间是功，心行平直是德。自修性是功，自修身是德。

"善知识，功德须自性内见，不是布施供养之所求也。是以福德与功德别，武帝不识真理，非我祖师有过。"

③丁酉：指1597年。

④考校（jiào）：考试，考查。《礼记·学记》："比年入学，中年考校。"

⑤薄行：品行不好。南朝宋刘义庆《世说新语·文学》："郭象者，为人薄行，有俊才。"

【解读】

从此，张畏岩痛改前非，屈己下人，自我克制，天天都抓紧修善，因此每天的福德都在不断加厚。

到了丁酉这年，他做了个梦，梦到自己来到了一座高大的房子里，看到一本考试录取名册，里面还有很多缺行。

张畏岩就问旁边的人。

那人说："这是今年的科考录取名册。"

张畏岩又问："为什么缺了很多名字？"

那人答道："在阴间里面，对于科举考试之人，三年进行一次审核考查，必须是在德行方面没有问题的，才能在这本册子上有名。像你前面看到册子里的那些缺行，都是属于本来应该考中，但是因为最近品行不好而被除名的。"

后来，那人又指着一条缺行说："你这三年来，举止言语非常慎重，或许应当补录在这里，希望你自爱。"

这一年科考，张畏岩果然以第一百零五名的成绩考中了。

福自己求第十七

（一）

由此观之，举头三尺，决有神明。趋吉避凶，断然①由我。

须使我存心制行②，毫不得罪于天地鬼神③，而虚心屈己④，使天地鬼神时时怜我，方有受福之基。

彼气盈者，必非远器⑤，纵发亦无受用。稍有识见之士，必不忍自狭其量，而自拒其福也。况谦则受教有地，而取善无穷⑥，尤修业者⑦所必不可少者也。

【注释】

①断然：此处作"绝对"解。

②制行：指管理好自己的德行，或者说是约束好自己的行为。原指规定道德和行为准则。《礼记·表记》："圣人之制行也，不制以己。"

③毫不得罪于天地鬼神：书局本作"毫不得罪天地鬼神"。

④屈己：迁就别人而委屈自己。

⑤远器：指有远大成就的人，或者是能够担当大事的人。一说是

远大的气度,不确。明代焦竑《玉堂丛语·夙惠》:"王文恪公年十二能诗……识者知其为远器。"

⑥取善无穷:无有穷尽地学习他人的善行。一说是受益无穷,不确。

⑦修业者:此处指读书人。业:古人读书写字的版。修业:本指研读书籍,引申为修营功业。《管子·宙合》:"修业不息版。"《周易·乾卦》:"君子进德修业。"

【解读】

从这些种种事例观察看,抬头三尺的地方,决定有神明在监察着我们。求得平安吉祥,避开灾害祸患,那绝对是由我们自己个人所决定的。

因此,我们必须要心存善念,时时处处约束好自己的行为,丝毫不可以得罪天地鬼神。而且还要自谦而尊人,虚心接受别人指教,使天地鬼神时时爱怜我们。如此以来,我们才能有承受福报的根基。

那些骄傲自满的人,绝非是有远大成就的人,也担当不了什么大事,即使一时侥幸发达了,也不会受用其福报。因此,那些稍微有点见识的人,必定不会容忍自己心胸狭小,从而拒绝自己那本来应该得到的福报。况且谦虚的人才有大心量,才能够接受别人的教诲,从而没有穷尽地学习他人的善行。这对读书人来说是尤其不可缺少的。

（二）

古语云：“有志于功名者，必得功名；有志于富贵者，必得富贵。”

人之有志，如树之有根。立定此志，须念念^①谦虚，尘尘^②方便，自然感动天地，而造福由我。

今之求登科第者，初未尝有真志，不过一时意兴^③耳。兴到则求，兴阑^④则止。

孟子曰：“王之好乐甚，齐其庶几乎！^⑤”

予于科名亦然。

【注释】

①念念：指刹那片刻之间。形容时间极其短暂。北宋苏轼《迁居》诗：“吾生本无待，俯仰了此世。念念自成劫，尘尘各有际。”

②尘尘：犹言极小之事，像灰尘那样细微。

③意兴：兴趣。

④阑：残尽，晚。

⑤王之好乐甚，齐其庶几乎：出自《孟子·见梁惠王下》，全句：“王之好乐甚，则齐其庶几乎！”庶几：差不多。朱熹《集注》：“言近于治。”

【解读】

古人有句话说：“有志于求取功名的人，就一定会得到功名；有志于求取富贵的人，就一定会得到富贵。"

一个人有了志向，就像那树有了根一样。志向一旦树立，就必须要时时念念不忘谦虚，在在处处，事事给人方便。如此一来，自然就会感动天地。因此而言，创建幸福美好的人生完全取决于我们个人自己。

现在那些想着求取科举功名的学人，当初未必就有什么真诚的志向，不过也就是一时的兴趣罢了。如果一时兴趣来了，就拼命去追求；如果是兴趣没有了，也就罢了。

孟子曾经对齐宣王说："大王如果非常喜欢音乐，那么齐国大概就有兴盛的希望了！"

我对于求取科举功名也是这样的看法，必须把自私自利的狭隘心胸转变成利益天下苍生社稷的广阔胸怀。俗话说量大福大。如此，取得了科第功名后，才能够更好地上报国家之恩，才能够更好地下造家庭之福！